菇棚层架袋栽香菇

菇棚层架袋栽银耳

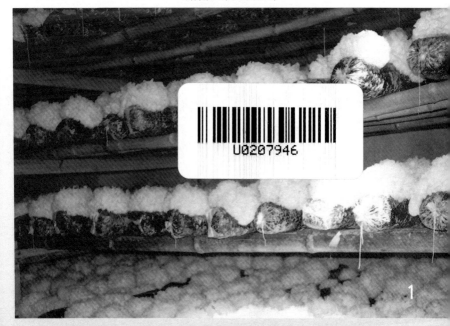

在可控温控湿塑料棚菇房中栽培草菇

在半地下式菇房中栽培蘑菇

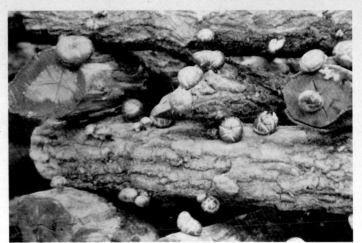

段木栽培香菇

袋料栽
培花菇

袋料栽培
猴头菌

3

段木栽培黑木耳

袋料栽培黑木耳

4

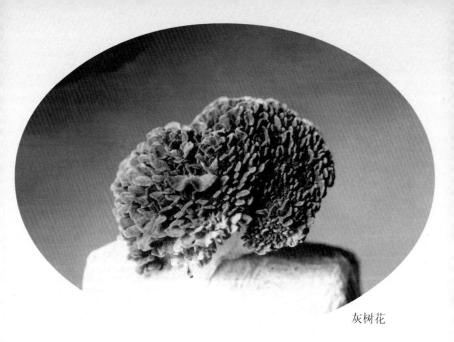

灰树花

灰树花白色变种

5

茶薪菇

茶薪菇白
色变种

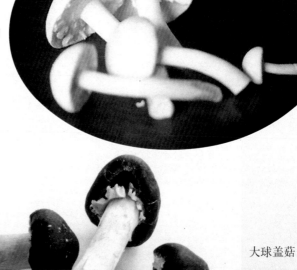

大球盖菇

姫　菇

真姫菇(蟹味菇)

姫松茸

7

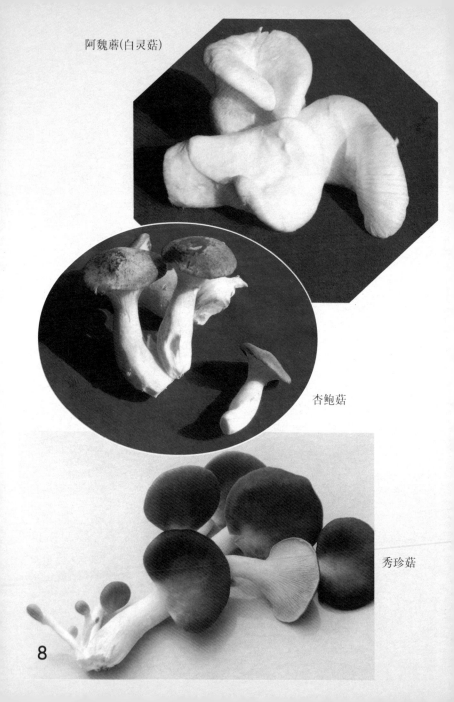

阿魏蘑(白灵菇)

杏鲍菇

秀珍菇

8

食用菌丰产增收疑难问题解答

林芳灿 编 著

金盾出版社

内 容 提 要

本书由华中农业大学食用菌研究所林芳灿教授编著。内容包括：食用菌生产基本知识、食用菌优质丰产栽培技术、食用菌的保鲜加工和食用菌市场展望等4个方面。以食用菌优质丰产栽培为重点，把食用菌生产及经营中存在的疑难问题归纳为200个题目，逐题进行解答。内容先进实用，针对性强，阐述深入浅出，通俗易懂，是食用菌生产者和经营者的良师益友。

图书在版编目(CIP)数据

食用菌丰产增收疑难问题解答/林芳灿编著.—北京：金盾出版社,2002.6
ISBN 978-7-5082-1939-4

Ⅰ.食… Ⅱ.林… Ⅲ.①食用菌类-蔬菜园艺-问答②食用菌类-市场营销学-问答 Ⅳ.S646-44

中国版本图书馆 CIP 数据核字(2002)第 020927 号

金盾出版社出版、总发行
北京太平路5号(地铁万寿路站往南)
邮政编码：100036 电话：68214039 83219215
传真：68276683 网址：www.jdcbs.cn
彩色印刷：北京精美彩印有限公司
黑白印刷：北京金盾印刷厂
装订：永胜装订厂
各地新华书店经销
开本：787×1092 1/32 印张：8.25 彩页：8 字数：179千字
2009年1月第1版第4次印刷
印数：27001—33000册 定价：13.00元

前　言

改革开放以来,随着整个国民经济的快速发展,中国的食用菌生产实现了历史性的跨越。1994 年,中国的食用菌产量高达 264 万吨(鲜重),占世界菇类总产量的 53.8%,比 1978 年增加了约 50 倍。同时,在通常列为统计对象的十余种菌类中,除真姬菇、灰树花等少数种类之外,其余的诸如蘑菇、香菇、平菇、金针菇、草菇、黑木耳、银耳等,中国的产量均居世界第一位。现在,中国不仅是产量占世界菇类总产一半以上的食用菌生产大国,而且是菇业从业人员数量最多的国家。在如些大规模的食用菌生产活动中,出现这样那样的问题在所难免。另一方面,广大菇农、菌类生产经营者和科技工作者在各自的岗位上辛勤耕耘,也不断有所发现,有所发明,有所创造,有所前进。本书的编写旨在就上述生产实践中出现的种种问题进行探讨,并将菇类栽培、保鲜加工、商品流通中的新技术、新方法、新知识,作简明实用的介绍,以期能对菇业从业人员争取高产增收有所助益。

本书内容分为基础知识、栽培技术、保鲜加工和市场展望四个部分。第一部分阐述了与食用菌栽培密切相关的一些基础知识。第二部分重点介绍了 12 种大宗栽培菇类各种新的栽培技术,以及栽培中可能出现的问题和解决办法。对约 20 种新开发菇类的基本栽培技术,也作了具体介绍。第三部分阐述了菇类的各种保鲜加工技术,方法有难有易,工艺有繁有简,设备有土有洋,以分别适应家庭经营和乡镇企业等不同情况的需要。第四部分针对加入世界贸易组织(WTO)之后,我国食用菌产业可能遇到的新情况、新问题，介绍了菇业产销动态、发展趋势、质量标准、商标注册、出口商检等方面的知识。

本书在编写过程中，重点参考了《中国菌物学传承与开拓》(杨新美，2001)、《食用菌研究法》(杨新美主编，1998)、《菌物学大全》(裘维蕃主编，1998)、《中国食用菌百科》(黄年来主编，1993)、《蕈菌遗传与育种》(张树庭，林芳灿，1997)等学术著作，以及《菇菌生产技术大全》(陈士瑜，1999)、《食用菌生产技术手册》(吕作舟，蔡衍山，1992)、《食用菌生理理论与实践》(黄毅，1988)等技术书籍。此外，还广泛查阅了1995年以来《中国食用菌》、《食用菌》、《食用菌学报》、《食品与发酵工业》、《中国蔬菜》、《北京农业》等专业杂志上的数百篇文献。其中不少有见地的观点或切合实际的经验在书中均多有引用。限于篇幅，无法一一注明，在此谨一并向各位作者深表谢忱。

书中所附阿魏蘑、姬松茸、茶薪菇、大球盖菇、姬菇、真姬菇、杏鲍菇、灰树花等新开发菇类的彩色照片，均由浙江华贩丹蕈菌科贸公司总经理韩省华提供。福建农林大学资源环境系副教授谢宝贵、陕西汉中市留坝真菌研究所所长殷书学、湖北宜昌市科力生农业开发公司徐年声等，提供了部分其他菇类的彩色照片，谨一并致以深切的谢意。

林芳灿

2002年元月

目　　录

一、食用菌生产基本知识

1. 什么是真菌?

提起真菌这个名称,人们似乎感到有点陌生。但在日常生活中,每个人都曾接触过真菌,并对它有不同程度的感性认识。做馒头或面包发面的酵母,做酒曲的曲种,制作豆腐乳时使豆腐长"毛"或变成红色的毛霉和红曲霉,味美可食的香菇、木耳,久已闻名的中药麦角、虫草、茯苓、灵芝,都是真菌。此外,衣物、食品、用具、器材在潮湿环境下所生的"霉",使小麦产生褐色"锈"斑的锈菌和使玉米产生"黑粉"的黑粉菌以及使人的皮肤长"癣"的病原菌,都是真菌。这些形形色色的真菌有一个共同点,即无论是组成它们身体的丝状体即所谓"菌丝",还是作用类似于农作物种子起繁殖作用的"孢子",个体都很小,肉眼无法看到。在这方面仅有一些能产生功能相当于农作物果实的蘑菇的真菌是一个例外——各种各样的蘑菇不仅肉眼可以看见,用手可以采摘,而且有的蘑菇的直径可达数十厘米。由于真菌的个体极小,无法用肉眼观察,所以通常将真菌归于微生物。真菌具有细菌等低等微生物所不具备的两个典型特征:第一,真菌细胞中含有为一核膜所包裹的真正的细胞核。第二,真菌能产生有性孢子(采摘香菇、平菇时看到的从菌盖里面散出的白色雾状物,即由成千上万有性孢子所组成),进行典型的有性生殖。真菌与高等植物的显著区别在于它没有叶绿素,因而不能像高等植物那样自行制造生长发育所需的各种养料,只能从各种有机物或别的生物体中吸收利用现成的养料。

总之,真菌就是指有细胞壁和真正的细胞核,不含叶绿素,无根、茎、叶的分化,以寄生、共生或腐生等方式生存,仅有少数类群为单细胞,其余则都有分枝或不分枝的丝状体,能进行有性和无性繁殖的一类生物。

2. 真菌有什么用途?

绿色植物是有机物的制造者,动物是绿色植物制造的有机物的"吞食"者,而微生物则是动植物残体的分解者。正是包括真菌在内的各种微生物对有机物的分解、转化作用,使得动、植物残体重新变为植物的养料,从而使自然界物质循环和地球上的生命活动能连续不断地维持下去。值得强调指出的是,植物残体中含有大量结构牢固、极难分解的木质素和纤维素之类的化合物,在种类繁多的微生物中,能有效分解木质素和纤维素的只占极少数,而能生成蘑菇的真菌则往往具有这种特殊的本领,它们能将锯木屑、棉籽壳、甘蔗渣之类工、农、林业的废弃物转变成美味可口的食用菌。食用菌栽培所具有的这种变废为宝的良好社会、环境和生态效应,正是这一产业能长期持续高速发展的一个重要原因。

用真菌可生产酒精、柠檬酸、葡萄糖、甘露醇等重要化工产品。真菌可生产灰黄霉素、头孢霉素以及人类历史上第一个投入医用的青霉素等抗生素药品。很早以来,茯苓、灵芝、蝉花、雷丸、猪苓等就是疗效受到好评的中药。近年来,各地从一些食、药用菌中提取、开发了多种具有增强人体免疫机能和具有抗肿瘤活性的真菌多糖产品,而且发展前景看好。在食品工业中,啤酒的生产,酱油的酿造,淀粉的制取,增鲜剂的制造,往往都离不开真菌的参与。此外,大量研究表明,真菌在生长发育过程中产生的许多代谢产物,如色素、油脂、染料以及毒素等,都有广泛的应用前景。当然,有些真菌,如导致食物腐败和木材腐朽的霉菌,危害人类健康的人体病原真菌和导致作物减产的植物病原真菌,都会给人类的社会经济活动造成损害。深入而全面地研究各种真菌的特性和活动规律,以便更好地做到兴利除害,是包括食用菌学在内的整个真菌学研究所面临的一个重要任务。

3. 真菌可分为哪几类?

在专门研究真菌的"分门别类"的学问——真菌分类学中,通常将所有真菌统统归于一大类,叫做真菌门。

根据孢子上鞭毛的有无及有性生殖、无性生殖等方面的特点,一般将真菌门分为鞭毛菌、接合菌、子囊菌、担子菌及有性生殖过程尚未发现的半知菌等五个亚门。从实用角度讲,与人类生活及经济建设关系密切的许许多多的真菌都可分别归于酵母菌、霉菌及能产生肉眼可见的子实体的大型真菌等三大类群。

(1)**酵母菌** 多为单细胞生物,通常不形成丝状体。菌体呈卵圆形、圆柱形或球形,也有的呈假丝状(图1)。酵母菌菌落大而厚,表面光滑、湿润、粘稠,多呈乳白色或红色,易用针挑起。

(2)**霉菌** 霉菌是一些小型丝状真菌的通称,为单细胞或多细胞生物。菌体为分枝或不分枝的丝状体,菌丝体有的有横隔膜,有的无横隔膜。无横隔膜的细胞都是多核的,有横隔膜的细胞有的是单核的,有的是多核的(图2)。霉菌菌落疏松,呈绒毛状、絮状或蛛网状,一般比细菌菌落大几倍到几十倍。

(3)**大型真菌** 大型真菌的菌丝体是由分枝的菌丝所组

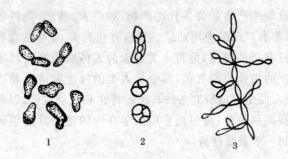

图 1　酵母菌的形态

1. 裂殖和芽殖　2. 子囊　3. 假菌丝体

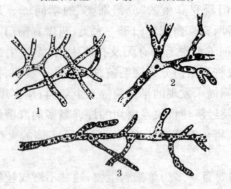

图 2　霉菌菌丝

1. 无隔膜多核菌丝　2. 有隔膜单核菌丝　3. 有隔膜多核菌丝

成,能产生肉眼可见的子实体,这是它与一般丝状真菌的主要区别之一。大型真菌仅见于子囊菌和担子菌中,其中绝大多数是担子菌。担子菌因其有性孢子(担孢子)生于棍棒状的细胞——"担子"上而得名(图3)。在可食用的大型真菌中,仅羊肚菌(图4)、马鞍菌、钟菌等少数种类为子囊菌。

　　根据大型真菌的用途及其他特性,可粗略地将其分为四类:肉质、胶质且可食用的大型真菌叫做食用菌;有显著药用

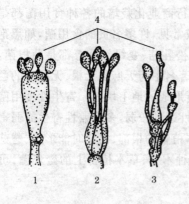

图3　担孢子的着生状况
　1. 无隔担子　　2. 纵隔担子
　　3. 横隔担子　　4. 担孢子

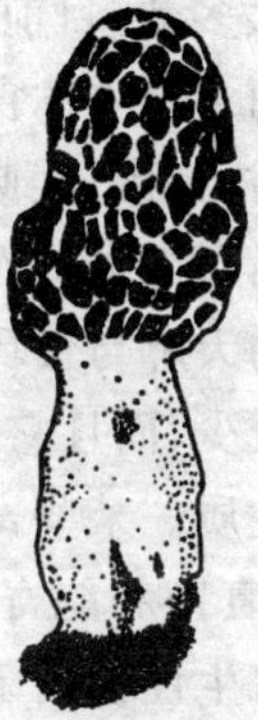

图4　羊肚菌

价值的大型真菌叫做药用菌；已证明或疑为对人体有毒的大型真菌叫做毒菌；大量性质和作用尚未充分了解的各式各样的大型真菌则归于其他菌类。

4. 食用菌的营养方式有哪几种?

　　像其他真菌一样，根据吸取营养以维持生命活动的方式不同，食用菌可分为腐生性、共生性和寄生性等三种类型。腐生性食用菌能分泌各种胞外酶，将已死亡的有机体加以分解，从中吸收养料，用来构成菌体并获取能量。共生性食用菌能与其他生物主要是各种植物形成互惠互利的共生关系，植物为共生的真菌提供营养，而真菌则以帮助植物吸收水分和养分、分泌植物所需的维生素和生长激素等作为"回报"。能在植物根部形成根菌合体——菌根的食用菌都属于这一类型。寄生性食用菌能寄生于一种植物上，并单方面获利地吸取寄主植物的营养以维持生活。从数量上看，在自然界中腐生性食用菌占绝大多数,目前人们能进行商业化栽培的各种食用菌都是腐生菌。共生性食用菌也较常见,许多名贵的食用菌,如黑孢块菌、松口蘑、美味牛肝菌、松乳菇、变绿红菇等都是菌根菌,目前尚不能进行人工栽培。著名中药天麻是无根、无绿叶的兰科植物天麻与蜜环菌共生所形成的地下块茎。寄生性食用菌种类较少,而且它们的寄生性通常较弱,多属兼性寄生或弱寄生的性质。某些寄生于草本植物的根部、出菇时能形成"蘑菇圈"的真菌和能寄生于上百种木本、草本植物上的蜜环菌,可作为寄生性食用菌的代表。

5. 食用菌需要哪些营养?

腐生、共生、寄生等不同类型的食用菌,虽然摄取营养物质的方式不同,但为了维持生命活动,都必须吸收和利用碳源、氮源、无机盐及维生素等营养物质。

(1)碳源 碳源是食用菌最重要的营养来源。它不仅是食用菌合成菌体细胞的必不可少的原料,而且是其生命活动的能量来源。食用菌不能利用单质碳及二氧化碳、碳酸盐等无机碳,而只能利用纤维素、半纤维素、淀粉、果胶、有机酸、醇类等有机碳化合物。在常见碳源中,单糖、低分子的有机酸和醇等可直接利用,而纤维素、半纤维素、淀粉、果胶等大分子化合物则必须经相应的酶分解成为葡萄糖、阿拉伯糖、木糖、半乳糖、果糖等简单糖类后,才能被吸收利用。在食用菌栽培中,除葡萄糖、蔗糖等糖类外,碳源主要来自各种富含淀粉、纤维素、半纤维素的植物性原料及农副产品,如马铃薯、秸秆、禾草、木屑、甘蔗渣等。

(2)氮源 氮源是合成蛋白质和核酸的重要原料。食用菌不能直接利用氮气,蛋白质、氨基酸、尿素等有机氮化物是食用菌的良好氮源,但蛋白质这类高分子含氮化合物,需经蛋白酶分解为氨基酸后方可利用。食用菌也可利用氨、铵盐、硝酸盐等无机氮化物。一般说来,作为氮源,铵盐的效果常优于硝酸盐。

不仅不同的食用菌对氮源的需要量有所不同,而且同一种食用菌在营养生长(菌丝体阶段)及生殖生长(子实体阶段)所需的氮素量也不相同。在子实体阶段,基质中氮素含量过多,反而有碍子实体的发育。

(3)**无机盐** 食用菌在生长发育过程中还需要一定的无机盐营养。其中,磷、钾、硫、钙、镁等元素需要量较多,称为大量元素,通常靠加入适量的磷酸二氢钾、磷酸氢二钾、硫酸钙(石膏)、硫酸镁等无机盐来供给;而铁、钴、锰、锌、硼等元素需要量甚微,称为微量元素,自来水及农副产品中均含有一定的微量元素,通常不必另行添加。

(4)**生长因子** 食用菌在生长发育过程中,还需要一些维生素、核酸、生长激素等具有特殊生理作用的复杂有机物。这类被称为生长因子的物质,虽需量甚微,但如果缺少,会影响食用菌的生长发育。食用菌所需要的硫胺素(维生素 B_1)、核黄素(维生素 B_2)、生物素(维生素 H)、吡哆醇(维生素 B_6)等生长因子,在马铃薯、酵母膏、麦芽汁、麦麸、米糠等天然原料中含量比较丰富,因此,配制培养基时,通常不必另行添加。

6. 什么叫木腐菌?什么叫草腐菌?

生于枯木或活立木的死亡部分,分解吸收其养分,破坏其结构,导致木材腐朽的真菌称为木腐菌。当前人工栽培食用菌中的绝大多数,例如香菇、黑木耳、平菇、金针菇等都是木腐菌。木材的主要组分可分为两大类,一类是木质素,另一类是纤维素。木腐菌中凡对木质素需求较多、分解能力较强者,例如香菇,在人工配制的培养料中往往需添加比例较大的木屑;而对纤维素需求较多、分解能力较强者,例如平菇,则在培养料中可较多地添加含纤维素较多的棉籽壳、作物秸秆之类的原料。银耳虽然也是一种木腐菌,但其对木质素、纤维素的降解能力较弱,因而无论在自然界还是人工栽培中,都需要一种分解木质素、纤维素能力较强的真菌作为"助手",现在已知这个助手是一种子囊菌,通常称之为耳友菌。

生活于已死亡的农作物秸秆等草料上,分解吸收其养分以维持生存,从而导致秸秆等草料腐烂的真菌称为草腐菌。栽培食用菌中的草腐菌数目较少,草菇是一个典型的代表。在双孢蘑菇尚未成功地进行人工栽培之前,人们就发现,这种蘑菇常生于含较多草料的马厩肥上。由于双孢蘑菇有腐生于粪草堆肥上的习性,所以常称其为粪草腐生菌。

7. 什么是菌丝体？什么是子实体？

菌丝交织而成的集合体称为菌丝体。不同部位、不同阶段的菌丝体分别具有养料吸收、物质运输、养分贮藏等作用。在食用菌中,由担孢子萌发生成的菌丝体多为单核,称为单核菌丝体。除草菇等极少数具有自交可孕能力的种以外,绝大多数食用菌的单核菌丝体均不能结实,而必须由两个可亲和的单核菌丝体交配形成双核菌丝体以后才能结实。绝大多数食用菌的双核菌丝体都有一种标志性的锁状结构,称为锁状联合(图5),食用菌的各级菌种,都是这种具有结实即出菇能力的双核菌丝体。

营养生长阶段的菌丝体通常都是很疏松的,但是在遇到不良环境条件等情况时,疏松的菌丝体可相互紧密缠绕在一起,形成能抵御不良环境、增强对环境适应性的菌核、菌索等

图 5　食用菌的菌丝

1. 单核菌丝　**2.** 双核菌丝　**3.** 锁状联合

图 6　茯苓菌核

组织化的菌丝体。著名中药茯苓就是一种菌核（图 6），而蜜环菌、双孢蘑菇等食用菌则常常形成菌索（图 7）。

由组织化的菌丝体形成的具产孢结构的特化器官，称为子实体。它是食用菌在繁殖阶段形成的伸展到基质（木材、土壤等）上的部分。这一部分是栽培者所要收获的部分，也是供消费者食用的部分。子实体的形态、大小、质地因种而异，食用菌的子实体大多呈伞状（图 8），由菌盖、菌柄、菌环、菌托等组成，但除菌盖外，并非每一个种都完整地含有其余的各个部分。此外子实体还有

图 7　蜜环菌菌索

喇叭状、棒状、花朵状、珊瑚状、头状和球状等多种多样的形状。人们通常所说的菇、菌、蕈、蘑、耳等指的都是子实体。

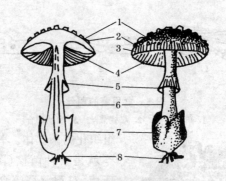

图 8　伞菌的子实体

1. 菌盖　2. 鳞片　3. 条纹　4. 菌褶　5. 菌环

6. 菌柄　7. 菌托　8. 菌索

8. 温度对菌丝体生长和子实体发育有什么影响?

食用菌为中温性微生物。它们的担孢子发芽及菌丝体生长的适宜温度为 20℃～30℃。食用菌孢子及菌丝体对温度、特别是对高温的反应不同,菌丝体(除草菇等少数耐高温的菌类外)通常在 40℃左右的高温下停止生长,甚至迅速死亡,而它们的担孢子在 40℃或更高的温度下,能保持一定时间不丧失生命力。食用菌在菌丝生长及子实体分化发育阶段所需的温度不同,一般子实体分化发育的适宜温度低于菌丝体生长的适宜温度。

不同种食用菌子实体分化所需的温度差异较大,大致可分为三种类型。

(1) 低温型　子实体分化最适温度为 20℃以下,最高温度不超过 24℃。属于低温型的有香菇、金针菇、蘑菇、平菇、滑菇、猴头菌等。

（2）**中温型** 子实体分化最适温度为 20℃～24℃,最高温度不超过 28℃。属于中温型的有银耳、黑木耳、大肥菇、榆黄蘑等。

（3）**高温型** 子实体分化最适温度在 24℃以上,最高温度在 30℃左右。属于高温型的有草菇、风尾菇等(表 1)。

表 1　某些食用菌菌丝生长和子实体发育的适宜温度(℃)

名　称	菌丝体		子实体	
	生长范围	最　适	分　化	发　育
香　菇	6～34	22～26	7～21	12～18
金针菇	7～34	22～24	5～19	8～14
双孢蘑菇	6～33	22～25	8～18	13～16
平　菇	10～35	24～27	7～22	13～17
滑　菇	5～33	20～25	5～15	7～10
猴头菌	12～33	21～24	12～24	15～22
口　蘑	2～30	20	2～30	15～17
松口蘑	10～30	22～24	14～20	15～16
银　耳	6～35	24～26	18～24	20～24
黑木耳	4～35	22～32	15～27	20～27
大肥菇	6～33	32	20～25	18～22
灰树花	14～30	24～27	16～24	18～27
榆黄蘑	14～35	23～28	-	25
栎平菇	20～33	27	16～28	25～28
毛木耳	8～40	22～32		22～30
茯　苓	10～35	28～32		24～27
鲍鱼菇	20～35	25～28	22～35	26～28
草　菇	12～45	32～35	-	30～32
风尾菇	10～35	23～28	-	20～30

即使是同一种食用菌,由于品种的不同,子实体发育所需

温度也有所不同。因此,各地应根据当地气候条件选用适宜的品种。在室内栽培时,应根据品种的习性,控制适宜的培养温度。

此外,有些食用菌如香菇、美味侧耳等,在子实体分化时还需要变温刺激。例如,大部分香菇品种在子实体发生时,每天若有 8℃~10℃以上的温差刺激,子实体的发生量会大大增加。相反,黑木耳、猴头菌、灵芝、草菇、双孢蘑菇等在子实体发育期间则要求较为恒定的温度。

9. 水分和空气湿度对菌丝体生长和子实体发育有什么影响?

水分不仅是食用菌细胞的重要成分,而且养料的吸收及运输、代谢废物的排泄等,离开水都无法进行。因此,食用菌在生长发育的各个阶段,都必须供给充足的水分。

食用菌生长发育所需要的水分绝大部分来自培养料。培养料中含有充足的水分,是菌丝体生长及子实体大量形成必不可少的因素。食用菌菌丝生长阶段,培养料的适宜含水量一般为 60%~65%,子实体形成时,需水量更大。培养料中的水分由于蒸发及子实体吸收而不断减少,因此,栽培时需经常喷水。此外,菇房中如能经常保持一定的相对湿度,也能防止培养料中水分的过度蒸发。除培养料应有充足的水分外,食用菌还需要一定的空气湿度,适宜菌丝生长的空气相对湿度为60%~80%,子实体形成时则需要更高的空气湿度,一般以80%~95%较为适宜。据研究,当空气相对湿度低于 60%时,平菇等食用菌的子实体停止生长;当空气相对湿度低于 45%时,子实体不再分化,已分化的幼菇也会干枯死亡。某些食用菌对基质含水量和空气相对湿度的要求如表 2 所示。

表 2　某些食用菌对基质含水量和空气相对湿度的要求（％）

名　称	基质含水量	空气相对湿度	
		菌丝体	子实体
双孢蘑菇	60～65	65～75	85～90
香　菇	60～65	60～70	80～90
草　菇	65～70	65～75	85～95
金针菇	60～65	70～80	80～90
平　菇	60～70	70～80	85～90
滑　菇	60～65	70～80	85～95
黑木耳	60～70	70～80	85～95
毛木耳	65～70	65～75	85～95
银　耳	55～65	70～80	85～95
猴头菌	60～70	70～80	85～95
凤尾菇	60～70	70～80	80～95
鲍鱼菇	60～70	65～80	85～90
榆黄蘑	60～65	65～80	85～90
灰树花	60～65	60～70	80～90
杨树菇	65	70～80	85～90
鸡腿蘑	65	65～75	80～90
茯　苓	50～60	60～70	80～90

10. 食用菌适宜的酸碱度(pH 值)范围是多少？

多数食用菌喜欢微酸性的环境,菌丝生长的 pH 值为3～8,最适 pH 值为5～6。大部分食用菌在 pH 值大于 7 时生长受阻,大于 8 时生长停止。常见栽培食用菌适宜 pH 值见表3。

由于培养料的 pH 值在灭菌后会降低,同时食用菌在新陈代谢过程中会产生某些有机酸,从而使 pH 值进一步下降,因此,在配制培养料时,常将它的 pH 值略为调高。此外,为了使培养料的 pH 值维持在适宜的范围,常在培养料中添加一定的缓冲剂。常用的缓冲剂有磷酸二氢钾、磷酸氢二钾等无机盐,除能供给磷、钾等矿质营养外,还能对 pH 值的变化起缓冲作用。培养料中加入石灰石即碳酸钙,可对培养料中的酸性起中和作用。

表 3　几种食用菌对酸碱度的要求

名　　称	菌丝生长 pH 值	最适 pH 值
香　菇	3.0～7.5	4.5～6.0
平　菇	3.0～7.2	5.4～6.0
凤尾菇	5.8～8.0	5.8～6.2
滑　菇	3.0～8.0	5.0～6.0
大肥菇	4.0～8.0	6.0～6.4
银　耳	5.0～7.2	5.2～5.8
黑木耳	4.0～7.0	5.5～6.5
猴头菌	2.4～7.0	4.0～5.0
灰树花	3.0～7.5	4.4～4.9
松口蘑	4.0～6.0	4.5～5.5
灵　芝	4.0～6.0	4.0～5.6
竹　荪	5.0～8.5	5.6～6.0
茯　苓	3.0～7.0	4.0～6.0
金针菇	3.0～8.4	5.4～7.0
双孢蘑菇	5.0～8.0	6.8～7.0
草　菇	4.0～10.3	6.8～7.2

11. 氧气和二氧化碳对食用菌的生长发育有何影响?

氧气及二氧化碳也是影响食用菌生长发育的重要环境因

子。大气中氧的含量约为21%,二氧化碳的含量是0.03%。绝大多数食用菌都是好气性的,它们在生长发育过程中需要较充足的氧气。当空气中氧气含量不足、二氧化碳浓度过高时,对食用菌菌丝的生长,特别是子实体的发育,将产生不良影响。例如,当空气中的二氧化碳浓度达到0.1%时,灵芝子实体不形成菌盖;二氧化碳浓度达10%时,子实体没有任何组织分化,甚至连皮壳也不发育。又如,实验证明,较低浓度的二氧化碳(0.034%~0.1%)对蘑菇、草菇的子实体分化是必需的。但子实体形成后,当空气中的二氧化碳浓度达1%以上时,双孢蘑菇菌柄长,开伞早;当二氧化碳浓度超过6%时,菌盖发育受阻,菇体严重畸形。当然,不同食用菌对氧的需要量及耐二氧化碳的程度是有差别的。平菇是著名的能耐较高浓度二氧化碳的食用菌。据研究,当空气中的二氧化碳浓度达20%~30%时,平菇菌丝仍能正常生长,并维持很高的生长量。但是,与其他食用菌一样,平菇的子实体也需要在氧气较充足的条件下才能顺利分化发育。为了防止空气中的二氧化碳浓度过高而使食用菌生长发育受阻,菇房应注意通风换气,不断补充新鲜空气,排除二氧化碳等有毒气体。

12. 光线在食用菌生长发育过程中有什么作用?

食用菌不含叶绿素,不像绿色植物那样,需要利用阳光进行光合作用,将二氧化碳和水合成有机物。相反,如果把食用菌培养在直射的阳光下,由于日光中紫外线有杀菌作用,同时在日光下水分急剧蒸发,空气相对湿度过低,因而不利于食用菌的生长。所以,食用菌在林地栽培或畦式栽培时,应注意荫蔽,避免阳光直射。几乎所有食用菌菌丝体都能在黑暗条件下正常生长,光线对有些食用菌菌丝体的生长甚至是一个抑制因素。例如,灵芝菌丝体于 30℃下在马铃薯葡萄糖琼脂培养基上培养时,菌丝体生长速度以黑暗条件下最高;如给予光照,则光照越强,生长速度越低。

但是,除双孢蘑菇、大肥菇及地下生长的食用菌茯苓、块菌、地蕈、鸡枞等可以在黑暗条件下形成子实体以外,绝大多数食用菌在子实体分化及发育阶段,需要一定的散射光的刺激。香菇、草菇在完全黑暗的条件下不形成子实体;平菇在光线太弱时,菇体畸形,产生只长菌柄、不长菌盖、不产生孢子等异常现象。而另一方面据普伦基特研究,金针菇在每日有 6 小时散射光和 18～24 小时散射光的条件下所收获的子实体产量,分别是完全黑暗条件下产量的 1.7 倍和 11 倍。光线对子实体的色泽也有很大影响。光照不足时,草菇呈灰白色,黑木耳为浅褐色。只有在较充足的散射光条件下,黑木耳耳片才会呈现正常的、符合市场要求的黑褐色。

13. 食用菌与周围环境中的动物和其他微生物的关系如何?

在自然界里,有些动物对食用菌起着有益的作用。例如,竹荪的孢子借助于蝇类传播,一些子实体生于地下的食用菌的孢子经野猪、竹鼠等动物的挖掘、啃食而得以传播。某些白蚁与名贵的野生食用菌鸡枞菌存在互惠互利的共生关系。鸡枞只有在有白蚁活动的蚁巢上才能形成子实体,一旦白蚁弃巢迁移,废弃的蚁巢上就不再出现鸡枞的子实体。不过无论是野生的还是栽培的食用菌,也常遭到各种动物的危害。蛞蝓、尺蠖、蜗牛及家鼠、田鼠等,常在菇房、菇场吞食菌丝体或蛀食子实体,是食用菌生产的大敌。此外,有些害虫的活动,还可能对食用菌栽培造成间接的危害。例如,遭受害虫为害的伤口易为细菌、霉菌侵染，导致病害流行；有些蛾类或甲虫能侵害菇木或耳木等等。

许多微生物能为食用菌提供各种营养物质。双孢蘑菇菇床覆土中的假单孢杆菌、高温单孢菌、嗜热放线菌、高温放线菌、嗜热真菌等，不仅能帮助分解纤维素、半纤维素等复杂有机物，而且还能为双孢蘑菇提供多种氨基酸、维生素等。同时，这些微生物的菌体死亡后，经过腐烂、分解，也是蘑菇生长的良好养料。此外，在双孢蘑菇的繁殖生长阶段，臭味假单孢菌等微生物能分泌一些生长激素，促进蘑菇子实体的形成。银耳的一种伴生菌——耳友菌（又称香灰菌），对银耳的帮助很大。没有耳友菌在木质素、纤维素、半纤维素分解上所起的协同和增效作用，银耳的正常生长发育尤其是高产、稳产便无法实现。因此，在人工栽培中，人们不是用银耳的纯菌丝体作种，而是采用由银耳菌丝与香灰菌丝搭配在一起培养而成的所谓混合菌种。

对食用菌有害的微生物，其危害方式很复杂。有的是与食用菌生活在同一基质中，与食用菌争夺养料；有的是分泌各种毒素，妨碍食用菌的生长发育；还有的是直接寄生在食用菌上，造成各种各样的病害。在自然界及人工栽培中，危害食用菌的微生物种类很多，在病毒、细菌、放线菌、酵母、丝状真菌、大型真菌等几类微生物中，都存在着危害食用菌的种类。在食用菌栽培的各个阶段，从菌种生产到子实体采收期间，都可能遇到有害微生物的侵袭。在菌种生产中，一些细菌、放线菌会造成菌种的污染，危害更严重的则是五颜六色、各式各样的霉菌。这些霉菌也是木腐菌代料栽培中最常见的杂菌。

在香菇、木耳等食用菌的段木栽培中，除常受到木霉等危害外，还常受到属于子囊菌的黑疔及属于担子菌的云芝、裂褶菌、红栓菌、毛韧革菌等杂菌的危害。在食用菌栽培中,若干细菌和霉菌能引起各种病害,如不注意防治,会大大降低产量和品质。此外,在双孢蘑菇、香菇、平菇等食用菌中,都已发现了多种病毒。现已知道,感染病毒的香菇、平菇菌种,生产性能会有不同程度的下降。蘑菇病毒病导致菌丝体生长缓慢,子实体形成减少,菇体畸形,严重时会造成大片无菇区,是危害最严重的蘑菇病害之一。

14. 什么是菌种? 菌种有哪几种常见的种型?

菌种是指微生物可作进一步扩大繁殖之用的种子。在食用菌中,具有结实能力的菌丝体(大多数食用菌为双核菌丝体)才能作种子之用。因此,食用菌的菌种指的是在适宜基质上发育良好并已充分蔓延,具有结实能力,可用作食用菌生产的种源的菌丝体。我国食用菌菌种的生产分三步进行。用自行分离纯化所得的或外购的试管菌种扩大繁殖而成的琼脂斜面菌种称为一级菌种(许多地方称作母种,也有一些地方称作原种)。用一级菌种在木屑、粪草等天然固体培养基上扩大繁殖而成的瓶(袋)装菌种称为二级菌种(许多地方称作原种,也有一些地方称作母种)。用二级种在天然固体培养基上扩大繁殖而成的直接作为栽培基质种源的菌种称为三级菌种,各地通常都将三级菌种称作栽培种。生产菌种的培养基可分为两种,一种是将营养成分加适量水配制的培养基即液体培养基,另一种是在液体培养基中加琼脂等凝固剂或直接用木屑等天然固体基质制成的培养基,即固体培养基。目前,我国大规模商业化生产的菌种都是固体菌种。

固体菌种制作中使用的基质种类繁多。不过,根据主要原料的形状、来源、营养成分等特点,固体菌种可粗略地分成如下五种种型。

（1）**木屑种**　指以含木质素、纤维素较多的木屑为主要原料制作的菌种。香菇、黑木耳、金针菇等木腐菌菌种的制作常采用这一种型。含有较多棉籽壳、甘蔗渣等纤维素材料制作的菌种，也大体可归于这一种型。

（2）**粪草种**　指以发酵或不发酵的粪草为主要原料生产的菌种。如用麦秆或稻草加畜粪发酵后生产的双孢蘑菇菌种，以稻草为培养料制作的草菇菌种。草腐性食用菌菌种的制作常采用这一种型。

（3）**谷粒种**　指用大麦、小麦、黑麦等谷类作物籽粒作培养基生产的菌种。谷粒种具有菌丝生长健壮、生活力强、发育点多，在基质中扩展迅速等优点。美、欧等国双孢蘑菇生产中所使用的几乎全是谷粒种。

（4）**木块种**　指用圆形、楔形等小木块为培养基制作的菌种，这种种型的菌种通常仅用于香菇、黑木耳等木腐菌的段木栽培。不过，近年在少数地区的香菇代料袋栽中也有应用。

（5）**颗粒种**　指从木屑、秸秆、堆肥等适宜材料用人工工艺压制成颗粒型基质后生产的菌种。颗粒种的生产工艺正日益完善，目前虽尚未形成主流种型，但有较广阔的发展前景。

15. 如何鉴定一级种的质量?

一级种是整个菌种生产流程的原始种源。一级种的质量对确保菌种生产的顺利进行至关重要，所以要特别注意把好质量关。一级种质量的鉴定涉及很多方面，概括起来，一是要纯粹，即不允许有任何其他微生物存在；二是要典型，即具备某一菌种应有的典型特征；三是要健旺，即菌种长势良好，生长速度正常。一般说来，在光滑半透明的琼脂斜面上，识别粘滑的细菌菌落、粘稠的酵母菌落和常产生各种杂色孢子的霉菌菌落,或者根据肉眼观察及满管时间,对菌种的长势和活力作出判断,并不特别困难。但是,要准确把握各种食用菌一级种的典型特征,则需要在较长期的实践中,仔细观察,反复比较,认真总结经验。表4列举了几种主要栽培食用菌一级种的特征,供参考。其中有些项目,如菌丝颜色、粗细、爬壁性等,是所列各个种彼此间比较的相对结果;而满管时间,会随菌株或培养基的不同而有所不同。

表4 几种主要栽培食用菌一级种的特征

名　称	颜　色	菌丝形态	菌落长相	爬壁性	满管时间(天)	锁状联合
香　菇	白	粗短密集	平　贴	有	12～14	较多
平　菇	洁　白	粗壮浓密	气生菌丝发达	强	6～8	多
金针菇	白～灰白	轻粗壮	平　贴	有	10～12	有
黑木耳	白～米黄	短而齐	平　贴	无	15	小而少
猴头菌	粉白～灰白	粗　壮	平　贴	无	15～20	多、大
双孢蘑菇	灰　白	纤细稀疏	气生型蓬松匍匐型平贴	无	15～20	无
草　菇	淡白～银灰	粗长稀疏	蓬　松	强	5～7	无

除表中所列内容之外,还有一些种具有某些独特的性状,也可供鉴定时参考,例如,香菇、双孢蘑菇的菌丝体有各自特有的菇香味,双孢蘑菇的菌种较老时常出现线状菌丝索,草菇的菌种可产生红色厚垣孢子,老的金针菇菌种常产生大量的白色粉孢子等。此外,鉴定银耳菌种时,要同时准确识别银耳菌丝和香灰菌丝的特征。银耳菌丝白色细密,先端整齐,能形

成白茸茸的白毛团。培养一定时间后,白毛团上可分泌出白色或黄色水珠,并逐渐形成耳芽。香灰菌丝为白色、粗短的羽毛状菌丝,生长迅速,能分泌黑色色素,老熟菌丝淡黄褐色并出现炭质黑疤等。二者的比例是否恰当也是关系菌种质量好坏的重要指标之一。

16. 如何鉴定二级种、三级种的质量?

二级种、三级种质量的鉴定大体可分为如下三方面的内容。

其一,凡瓶中已生长的菌丝逐渐消失,出现被吞噬的斑块或直接发现有螨类活动,表明菌种已遭受螨类污染;凡菌种瓶中出现红、黄、黑、绿等各色杂菌孢子,瓶壁出现两种或两种以上明显不同菌丝构成的大大小小的分割区,分割区之间有明显的拮抗线;瓶中散发出各种酸败、发臭等异味,都是遭受霉菌或细菌、酵母等杂菌污染的表现。均应予以淘汰,并及时进行妥善处置。

其二,凡表面出现过厚的、致密坚韧的菌皮,菌柱发生萎缩、脱壁;菌丝出现自溶现象,菌种底部积存大量黄褐色液体,菌种表面及四周出现过多的原基或耳芽,都是菌种老化或某种生理状况欠佳的表现,不宜使用。

其三,严格剔除上述两类不合格菌种后,余下菌种中,符合该种食用菌的基本特征,且菌柱吃料彻底,上下长透,生长均匀,富有弹性者,即是合格菌种。

需要指出的是,上述一、二、三级种的质量鉴定,是针对菌种生产环节本身的质量管理而言的。至于菌种内在的生产性能,即在高产优质方面的表现如何,不能仅靠上述鉴定结果作出判断,而必须靠出菇试验和栽培实践去检验和证实。

17. 怎样选购菌种?

购买菌种时,除了选择信誉好的大专院校、科研机构或正规厂家作购种对象,对现场购买或成批发送的菌种都要进行认真挑选或核查以外,还应注意下述问题。

一是购前多加了解,务求名实相符。每一种食用菌都有一个正式的中文名称。正式中文名或者是从世界通用的拉丁学名翻译而来(如双孢蘑菇),或者是沿用古代称呼(如黑木耳),或者根据菇的特点拟定(如形容菇形与黄花菜即金针菜相似的金针菇)。香菇、金针菇的正式名称与商品名称一致,自然比较方便。但有时人们会给一种食用菌取一个甚至多个商品名。如果将"毛头鬼伞"这一正式名称用作商品名,消费者很难产生好的印象,取一个"鸡腿蘑"的商品名,宣传效应就好得多。不过,众多与拉丁学名和正式中文名毫无关联的商品名的出现,也增加了购种时张冠李戴的危险。"姬菇"和"真姬菇"是风马牛不相及的两种食用菌,"姬松茸"与"松茸"也完全是两码事。单从字面上看,你怎么也想不到"白灵菇"是指"阿魏蘑"。这几个例子足以说明,我们在购买菌种,特别是栽培历史不长、普及程度不高的新菇种的菌种时,一定要勤查多问,以免所购菌种名不符实,造成损失。

二是菌种的温型应与当地气候条件相吻合。将高温型品种引到北方栽培,或将低温型品种拿到南方高温地区推广应用,都可能造成重大损失,在露地栽培条件下尤其如此。

三是菌种的种性应与栽培方式相吻合。目前香菇、黑木耳和银耳等木腐菌,在大力推广代料栽培的同时,还保留着一定规模的段木栽培。由于两种栽培方式在培养基和环境条件上的差别都较大,同时就银耳种来说,一种耳友菌对两种栽培方式的适应性也有较大差别。因此，在购买以上几种食用菌菌种时，应选购与栽培方式相应的菌种。

四是菌种相关特性应与所期望性状相吻合。金针菇的白色菌柄是较受市场欢迎的性状，选用遗传稳定的白色金针菇品种，效果较好。香菇菌盖上产生白色花纹，称作花菇，卖价高于普通香菇。白色花纹的产生虽然是一个受环境因素影响较大的性状，但相对而言，选用低温、中低温且菌盖较厚的菌种，有利于花菇形成率的提高。

18. 为什么长期以来液体菌种难以普遍推广应用？

利用微生物大规模液体培养来生产各种真菌产品，在医药、化工、食品等工业中应用十分广泛。但在食用菌领域，利用液体培养来生产菌种，国内外虽已试验研究了 20 多年（我国 20 世纪 70 年代末已有人开始研究）甚至更长的时间，都仍然未能普遍应用。其中的原因主要涉及以下四个方面。

（1）不耐贮存 在用种季节常见的 20℃左右的气温下，长则 4～5 天，短则 2～3 天，培养好的液体种如不及时使用，就会变质失效。

（2）不便运输 大容器长途装运液体菌种，中途乘车换船，多有不便。换成小包装，又增大了分装时污染和运输时破损的危险。

（3）难以建立稳定的、与之相适应的客户系统 我国以零星、分散、小规模为主的栽培体系，无法消化大规模的液体菌种。即使建立若干套容量以升计的小型生产装置，也难以建立一个与之相适应的稳定的、运转自如的客户系统。

（4）存在去双核化的风险 有文献报道，双核菌丝体在液体深层通气培养条件下会发生所谓去双核化现象，即由双核菌丝体变为单核菌丝体。由于在食用菌中只有双核菌丝体才有结实能力,因此,如果去双核化现象普遍发生,对菌种生产和栽培的影响可想而知。目前,人们对去双核化现象的研究还不够系统、深入,对其发生和危害的程度,看法也不一致。不过,由于这个问题事关重大,人们自然也就不敢掉以轻心。

20 世纪 80 年代初期,我国上海等地曾大力推广过食用菌小型液体菌种生产装置,广西等地曾出现过容量以吨计的大规模液体菌种生产,但最后都未能顺利发展、推而广之。当然,液体菌种并非一无是处,它具有生产周期短、菌丝发育点多、接种后发菌迅速、菌龄整齐等优点。目前,液体培养这种生产方式虽还难以普遍应用,但对这种现代工业化生产方式继续进行深入研究还是很有必要的。

19. 什么叫生料栽培?什么叫熟料栽培?

利用没有经过任何热力(如常压或高压蒸汽)灭菌的培养料(俗称生料)栽培食用菌的方法叫做生料栽培。草腐性食用菌,例如草菇可以进行生料栽培。木腐性食用菌的培养基在以木质纤维素含量高的木屑等原料作主料的同时,往往必须配以麦麸、米糠、蔗糖等营养丰富而较速效的养料,因而容易遭受生长迅速的各种竞争性霉菌的侵袭,实行生料栽培难度较大。生料栽培的难度因种而异,凡抗杂菌能力强、生长速度快、分解纤维素能力较强的食用菌,如平菇、凤尾菇等,采用生料栽培较易成功。与南方炎热地区相比,在北方寒冷地区采用生料栽培较易成功。与熟料栽培相比,生料栽培的接种量要大得多,通常菌种用量为培养基重量的 $10\% \sim 20\%$。

利用蒸汽处理过的培养料(俗称熟料)栽培食用菌的方法叫做熟料栽培。熟料泛指一切利用常压蒸汽或高压蒸汽连续或间歇灭菌过的培养基。熟料栽培适于绝大多数腐生性食用菌的栽培。熟料栽培菌种用量少、杂菌污染少、成品率高,为了保证生产的顺利进行,不仅南方温度高、杂菌多的地区应普遍推行,而且北方寒冷地区也应尽量采用。

20. 什么叫无菌操作?

在彻底排除对象菌以外的一切其他微生物干扰的条件下完成相关程序,以确保获得对象菌的纯培养的过程称为无菌操作。食用菌生产和研究中以获得纯培养为目标的各项工作,如子实体的组织分离,孢子的稀释分离,以及菌种的接种培养等,都必须实行严格的无菌操作。为此,除了培养基必须事先彻底灭菌外,操作的空间(如接种箱、接种室等)事前也需采取消毒措施,可能带杂菌的部位(如待分离的菇体的表面)需经过消毒处理;所用的各种工具,如解剖刀、接种针等,用前需在酒精灯火焰上灼烧杀菌;装培养物的容器如菌种瓶、斜面试管等,瓶(管)口一旦打开,在操作完成前都必须在酒精灯附近用火焰封口,以防杂菌孢子侵入;同样,子实体分离中的组织块,菌种扩大繁殖中的菌种块等的移接,也必须在酒精灯火焰的保护下进行;操作完成后,封口的棉塞还必须迅速过火,以免在最后关头带入杂菌。无菌操作看似繁琐,然而稍一放松,就可能造成生产的失败。因此,每一个参与食用菌接种培养工作的人,都必须牢固树立无菌操作的观念。

21. 什么是栽培袋? 其制作有哪几个主要步骤?

装有适宜的培养料,灭菌、接种后用于出菇的菌袋,称为栽培袋。在香菇栽培中,脱去塑料袋后的菌柱,不少地方习惯地称为人造菇木。虽然用于出菇的栽培袋与用于给栽培基质播种的栽培种在性质和用途上有明显区别,但二者的制作工艺则很相似。栽培袋的制作可分为三大步骤。

(1)料袋制作　加适量水用搅拌机将干料拌匀,人工拌料需反复翻拌 5～6 次,以保证干料吸水均匀。将拌好的料松紧适度地装入适当规格(香菇 15 厘米×55 厘米,黑木耳 14 厘米×50 厘米或 14 厘米×28 厘米或 17 厘米×30 厘米,银耳 12 厘米×50 厘米,金针菇 15 厘米×30 厘米),厚度约 0.06 毫米的聚丙烯(高压灭菌)或低压聚乙烯(常压灭菌)塑料袋中。大规格袋用人工装料难以保证质量,应用装袋机装袋。将装完料的塑料袋用绳扎紧袋口,大规格袋在料袋正面等距打孔 3 个,背面打孔 2 个,穴深约 1.5 厘米,直径 1.2 厘米,互成品字形。然后用专用胶布封口。也可在灭菌前不打孔,接种时将打孔、接种、胶布封口一并进行(图 9)。高压灭菌通常为 126℃维持 1.5 小时。但大多数通常采用常压灭菌,一般是待锅内水温升至 100℃再维持 8～10 小时。

(2)接种　接种在预先严格消毒过的接种室或接种箱中进行。待料袋冷却降至室温后,用无菌操作方式将栽培种接于穴中,接后立即贴封胶布。每瓶菌种约可接种 80～100 穴,即 20 个料袋。栽培黑木耳、金针菇的短袋,采取类似于二、三级种的接种方法,即在料袋上端表面接入适量菌种(10～15 克)即可。

(3)培养　接种完毕,将菌袋搬入预先打扫、消毒过的培养室内,码成大小适当的袋堆发菌,堆码时接种穴应朝向两侧,勿相互挤压。菌袋堆码样式、高度和疏密均依培养室气温及料温而定,并可在培养期间视情况作相应调整。室温 23℃以下,可用顺码式,室温 25℃左右,可码成"井"字形。视室温高低,袋堆可码成 3～8 层。料温超过 28℃即有"烧菌"的危险,应采取降低堆高、疏散菌袋,加强通风换气等降温措施。培养 1 周后,检查并及时处理杂菌污染 2～3 次。接种穴周围有零星杂菌菌斑,可注入 75% 酒精和 20% 甲醛混合液或其他有效杀菌剂,大面积污染尤其是已产生大量杂菌孢子的,应运送至远处集中销毁。采用大袋、多穴接种时,为了保证旺盛生长中的菌丝有足够的氧气供应,应在接种穴菌落长至适当大小(香菇 6～8 厘米,银耳 8～10 厘米)时,揭开胶布一角通风,并随着发菌的进展增大通风口以至完全揭去胶布。接种后菌丝发菌满袋的时间,随食用菌种类及袋的规格的不同

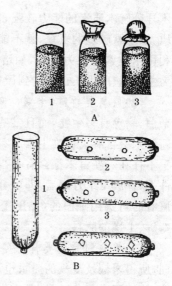

图 9　栽培袋的制作
A. 短袋套圈装料法　1. 装料
　2. 套颈圈　3. 上棉塞、包扎
B. 长袋打穴装料法　1. 装料
　2. 打接种穴　3. 贴封胶布

而有所不同。通常香菇约 60 天,黑木耳 45～50 天,银耳 16～20 天,金针菇 25～30 天。发菌完毕的栽培袋,根据不同食用菌各自的特点,分别转入相应的出菇阶段的管理。

22. 培养料的选用应注意哪些问题?

良好的培养基是食用菌栽培实现高产稳产的物质基础。选用组成培养基的原料时应注意如下几点。

(1)养分要全面、均衡　要根据选定栽培用菌的营养特性,选配种类适宜的培养料,使营养全面、均衡。例如香菇、黑

木耳分解木质素的能力较强,但如果仅用木屑,不配以含蛋白质、维生素较多的麦麸,就不能正常生长。草菇等草腐菌分解利用木质素的能力较差,如培养料中以含木质素较高的原料为主,菌丝的生长也会受到严重影响。

（2）**原料要新鲜、干燥** 陈旧、潮湿的原料不仅容易孳生杂菌、螨等有害生物,而且某些养分的含量也大为减少。例如,新鲜米糠含有大量维生素 B_1 和烟酸,但陈旧的米糠中烟酸几乎不存在。新鲜米糠含有相当数量的粗脂肪,在高温、高湿条件下,存放 1 个月之后,即可分解、损失 60％以上。因此,除木屑有时可选用陈旧的(如用于金针菇制种)之外,要力求选用新鲜、干燥的原料。

（3）**原料的质量要符合要求** 随着加工方式及程度的不同,所得米糠及麦麸的质量也不尽相同。米糠要用细糠,三七糠、统糠所含养分不足,不宜供配制培养基之用。麦麸有红、白麦麸之分,宜选用营养成分较丰富的红麦麸。

（4）**原料的质地、粒径要适宜** 原料的质地及颗粒的粗细对培养基的质量也有较大影响,应根据实际情况合理选用。例如,在用粪草培养基培养蘑菇菌种时,宜用质地较软的大麦秸秆。如用质地坚硬、不易软化及折断的小麦秸秆,菌丝长势较差。分解力较强的香菇、黑木耳,制种时可选用硬质杂木屑;分解力较弱的银耳,制种时宜选用易分解的软质阔叶树木屑。木屑的颗粒不宜过细,以免通气不良,影响菌丝生长。粪草培养基中,草料不宜过长,一般以切成 3 厘米长的短草为宜。

（5）**原料中应不含有害物质** 松、杉、柏等针叶树及樟树、楠树等阔叶树木屑含有芳香油、醚等杀菌物质,不宜使用。含有过多机油的木屑有碍菌丝生长,应予剔除。

（6）**廉价易得** 食用菌栽培耗费培养料的数量十分庞大,

大规模生产必须考虑原材料的廉价易得，以降低成本，提高经济效益。我国幅员辽阔，各种可供食用菌栽培的工、农、林业副产品十分丰富。只要认真试验，大力开拓，合适的栽培原料是取之不尽的。

23. 什么叫碳氮比？在进行新配方试验时，如何得到准确的碳氮比？

在食用菌栽培学中，所谓碳氮比（C/N）是指培养料中碳源与氮源含量的比值。不同食用菌及同一种食用菌的不同发育阶段所需的碳氮比有所不同。一般认为，营养生长阶段所需碳氮比以 20：1 左右为宜，子实体生长发育阶段以 30～40：1 为宜。也就是说，子实体生长发育期所需碳氮比高于营养生长期的碳氮比。例如草菇菌丝生长期所需碳氮比约为 20：1，而出菇期所需碳氮比为 30：1。

在对一种已经过长期生产实践检验的培养料配方中的个别相近原料（例如麦秸与稻草）进行更换时，一般根据二者的营养成分稍加调整即可。在试验一种新的配方并且要准确知道其碳氮比时，则必须事先进行计算。方法如下：

用稻草和豆饼配制碳氮比为 40：1 的培养料 100 千克，试问稻草和豆饼各需多少？查阅食用菌栽培、农业等相关书籍的附表，知稻草含碳量为 45.58%，含氮量为 0.63%；豆饼的含碳量为 47.46%，含氮量为 7%。设配制所规定的碳氮比的培养料 100 千克需稻草 x 千克，则豆饼的用量为（100－x）千克，根据 100 千克培养料中含碳量与含氮量之比应为 40：1，故有下式：

$$\frac{0.4558x + 0.4746 \times (100-x)}{0.0063x + 0.07 \times (100-x)} = \frac{40}{1}$$

解上式可得稻草用量 x＝91.95 千克,豆饼的用量＝
100－x＝8.05 千克

24. 制作栽培袋时,怎样才能使灭菌彻底?

杀死培养基中的一切微生物,是保证接入的菌种能正常
生长的基本前提之一。影响灭菌是否彻底的因素很多,归纳起
来,应切实做到如下几点。

(1)培养料应充分而均匀地进行预湿　湿热灭菌是靠穿
透力较强的湿热蒸汽的高温杀菌的。水的热传导性比许多固
体培养料(木屑、粪草等)的热传导性好。如果培养基预湿充分
而均匀,灭菌时温度的传递也迅速、均匀。如果预湿不透,仅在
料面形成水膜,而蒸汽又不能穿透到干燥处,就达不到彻底灭
菌的效果。

(2)迅速装料灭菌,减少杂菌自繁　批量制作栽培袋时,
每日投料量很大,如果安排不当,人手过少,培养料一旦调湿,
装料时间过长,料中的酵母菌、细菌迅速增殖,引起培养料的
酸败,并使灭菌难以彻底。因此,应集中人力,尽快完成拌料装
袋工作,及时灭菌。

(3)分层放置,均匀透气　塑料袋堆叠过高,不仅难以透
气,而且有时受热后的塑料袋相互挤压会粘连在一起,形成蒸
汽无法穿透的死角。为了使蒸汽充分流通,料袋应呈“井”字形
堆码,每放四层塑料袋后,即放置一层架格隔开。

(4)旺火升温,高温足时　在灭菌过程中,如果锅内冷水
由室温升至 100℃的时间拖得很长,那么在前面一段时间里,
培养基的实际温度不但不足以杀死某些耐高温微生物,而且
还会给它们提供增殖的机会,给彻底灭菌带来隐患。因此,用
旺火猛攻,使锅内水尽快沸腾,是取得较好灭菌效果的关键因

素之一。此外,水沸腾后,热量从锅顶及四壁逐渐向中、下部料袋传递,大约要 4 小时才能透入料袋中心。因此,灭菌锅水温达 100℃,需保持 8～10 小时才能保证灭菌效果。

栽培袋由于量大,较少采用高压灭菌。如用高压灭菌,只要在计时前彻底排除冷空气,在 126℃维持 1.5～2 小时,一般可达到彻底灭菌的目的。

（5）小心搬运,减少破损　料袋在灭菌前后的多次进出搬运中,因触及各种"毛刺"而产生针孔状破损,是造成杂菌污染的重要原因。因此,灭菌前后料袋均应轻拿轻放。用与锅体相配套的周转框装运料袋,可大大减少料袋破损。

25. 怎样才能提高栽培袋制作的成品率?

有效提高栽培袋制作的成品率,是从原料筹集开始到培养结束为止的整个生产周期中,需时刻刻注意而且涉及到方方面面的大问题。归纳起来,要提高成品率,首先要把各种原因造成的污染减少到最低限度。这就要做到以下七点:第一,使用优良菌种,彻底剔除哪怕是污染面极小的菌种,杜绝因菌种不纯造成栽培袋的大规模污染;第二,要彻底灭菌,防止栽培袋接种后因培养料本身残留杂菌而大量报废以至"全军覆没";第三,接种时一定要坚持严格的灭菌操作,最大限度地减少杂菌的污染;第四,灭菌、冷却、接种、培养等环节要按照合理的流水线进行布置,相关环境都要严格消毒,保持洁净,减少灭菌后、接种后发生的重复污染;第五,所用塑料袋要保证质量,用周转框装运料袋,以减少料袋的破损;第六,接种后的料袋在培养过程中,尤其是在菌丝体未全部长满之前,仍有受到杂菌污染的危险,培养室除了用前应仔细消毒外,培养期间始终要保持清洁卫生;第七,进行生长情况检查,揭开胶布透气等管理工作时,都应轻拿轻放。

在采取一系列有效措施减少杂菌污染的同时,还应配制一种营养丰富、湿度适合、松紧适度的培养基,并提供最适的环境条件,以保证菌丝体健旺生长。如果以上两方面的工作能高标准、严要求地认真做好,栽培袋制作的成品率就一定会达到令人满意的水平。

26. 什么叫发酵?什么叫前发酵和后发酵?

所谓发酵,指的是微生物引起的碳水化合物或类似有机物的不完全氧化作用,也用来泛指一般的利用微生物制造工业原料或工业产品的过程。在蘑菇栽培中,发酵则指培养料(堆肥)在微生物参与下的堆制过程。在发酵过程中,微生物将复杂的碳水化合物分解,产生有机酸等中间产物,最终变成二氧化碳和水,并放出能量。随着发酵过程的进行,微生物生长、发育并大量繁殖,同时合成许多新的代谢产物。在工业生产中,往往是在人工控制条件下由一种微生物进行专一的发酵,如酒精发酵、乳酸发酵等。在自然条件下,由若干种或若干群微生物进行混合发酵,蘑菇堆肥的发酵就属于这种类型,堆肥发酵过程中,有低温、中温、高温的细菌、放线菌、丝状真菌等多种微生物参与。蘑菇堆肥的发酵可以在室外一次完成全过程,称为一次发酵,也可以分两次进行,称作二次发酵。二次发酵的第一次通常在室外进行,从建堆到第三次翻堆,共 10～20 天。第一次发酵也称为前发酵,为了保证前发酵的顺利进行,必须防止料堆风吹、雨淋、日晒,及时覆盖遮阴、防雨材料,并定期进行翻堆。第二次发酵通常在室内床架上进行,必要时通入蒸汽或用其他方法加温到 54℃～62℃。第二次发酵又称后发酵。经过后发酵,堆肥进一步腐熟,病原菌、害虫大为减少,有碍蘑菇菌丝生长的游离氨基本消失,对蘑菇生长发育有利的微生物群体生长良好。总之,经过二次发酵的培养料的质量比仅进行一次发酵的培养料的质量高得多,一般可增产10%~20%。

27. 为什么要大力推行代料栽培?

所谓代料栽培,是一种用木屑、甘蔗渣、棉籽壳、玉米芯、作物秸秆等富含木质素、纤维素的工、农、林业有机废物,代替木材生产香菇、黑木耳等木腐菌的栽培方式。20世纪80年代以来,一些大规模商业化栽培的木腐菌如平菇、金针菇、猴头菌、滑菇等,已基本不采用段木栽培,柳松菇、茶薪菇、姬菇、榆耳、灰树花等正在试验、示范、推广中的木腐菌,基本上也都是一开始就着眼于代料栽培。香菇、黑木耳、银耳虽然还存在段木栽培,但规模与高峰期相比,也已大大缩小。这是长期大力推广代料栽培后,我国木腐性食用菌生产结构上的一个重大转变。之所以要大力推行代料栽培,根本的原因当然是为了保护林木资源,加强环境保护,建立良好生态循环。尽管段木产品质量较好,段木栽培曾为边远山区菇农脱贫致富起过积极作用,但森林涵养水源、减少水土流失等宏观生态效益是任何别的东西所无法代替的,因此,大力推行代料栽培势在必行。此外,推行代料栽培对于食用菌产业本身的发展也大有好处。首先是大大拓宽了食用菌生产的原料来源。据统计,我国木屑、秸秆等农林有机废物的年产量达5亿吨,其中已用于食用菌栽培的还远未达到10%。因此,从栽培原料上看,只有推广代料栽培,食用菌栽培业才能实现可持续发展。其次,代料栽培也大大拓宽了食用菌栽培的地域范围。段木栽培一般仅限于山高路远的偏僻林区,而可用于食用菌代料栽培的各种城乡有机废物则遍布全国各地,城市郊区、乡村集镇及广大农村都可发展代料栽培。

28. 什么叫周年栽培?

周年栽培这一专业名词,较早出现于日本食用菌书刊中,原指单种食用菌一年四季出菇的栽培方法。日本对香菇周年栽培研究历史较长。实现周年栽培的措施主要有两个方面:一是培育不同温型、在不同季节出菇的品种。高温、中温、低温品种可分别在20℃以上,10℃~20℃及10℃以下出菇。二是在普通栽培的基础上,根据菇木生长和市场需求状况,分别采用抑制(例如将成熟菇木适当风干,阻止其冬、春季香菇的自然发生,然后在4~6月份浸水,使其出菇)或促成(例如将成熟菇木浸水并移入加温至10℃~20℃温室中,使其在当年冬季及翌年春季低温季节出菇)的措施,推迟或提前上市。

在我国,周年栽培的含义除指一种菇的四季栽培外,也指将多种食用菌组合起来,达到一年四季都有鲜菇供应的栽培方法。例如,以下几种食用菌的生长周期和子实体发生温型分别是:香菇,生长周期长,中高温型;草菇,生长周期很短,典型的高温型;金针菇,生长周期短,典型的低温型;银耳,生长周期短,中温型;平菇,生长周期中等,中低温型。如果将它们组合起来,夏季气温28℃~35℃时,可栽培草菇;春秋季室温为10℃~25℃,可栽培香菇、银耳及平菇;冬季气温10℃以下时,可供金针菇出菇,这样就可做到全年有鲜菇上市。

29. 什么叫反季节栽培?

将一种食用菌安排在明显不同于其正常栽培季节的季节里进行栽培称为反季节栽培。典型的高温型食用菌草菇通常在夏季高温时节栽培,如果在冬天栽培,实行夏菇冬种,就成了反季节栽培。香菇通常在春、秋季出菇,如果设法在夏天栽培出菇,也是一种反季节栽培。反季节栽培的主要目的是更好地适应市场的需要。在香菇集中产区,春、秋季大批量上市的鲜菇有时会遭遇卖菇难的局面,但在炎热的夏季,超市、菜场都极少有香菇露面,因此,香菇夏季栽培的成功实施就可赢得市场。反季节栽培必须以利用自然气温为主,在炎热的夏季利用自动控温的现代化设施固然可以栽培金针菇,但其高昂的成本在我国绝大多数地区还难以让消费者接受。同样,冬天能有草菇上市无疑会受到市场的欢迎,但在严寒的地方如果完全依靠人工升温进行栽培,能源供应和成本核算是否可行值得考虑,若有地热温室之类条件可以利用,则反季节栽培就可顺利实行。

30. 什么叫覆土栽培? 覆土有什么作用?

将菌丝已充分蔓延的培养材料(菇木或脱袋后的菌筒)置于畦床、坑道等场所,用适宜土壤填满材料间空隙并将上部用土覆盖的栽培方法称为覆土栽培法。食用菌的覆土栽培在我国有悠久的历史,早在唐朝的涉及食用菌栽培技术的文献中,就有"取烂构木及叶,于地埋之"、"土盖、水浇、长令润"之类有关覆土栽培法的记载。不过,在现代食用菌栽培学中,真正把覆土作为栽培工艺中的一种正式环节的主要见于双孢蘑菇,我国在香菇、平菇、金针菇等木腐菌栽培中,让古老的覆土栽培法重放光彩,是20世纪90年代逐渐推行起来的。覆土对提高食用菌栽培的产量和质量有多方面的积极作用。覆土能有效调节食用菌生长发育所需的养分及湿度、温度、氧气、pH值等环境条件,促进菌丝体的旺盛生长。覆土对成熟菌丝体的机械刺激作用,覆土中可能存在的某些子实体形成诱导因子(这一点在双孢蘑菇栽培中已得以充分的证明),都有利于子实体的分化和发育,起到增产作用。常规食用菌代料栽培中,往往从第三潮菇开始,由于营养不足,失水过多,病虫害加重等原因,逐渐产生菇体细小、萎缩、畸形等不良性状,覆土后由于补充了营养,改善了环境,有利于中后期产品质量的提高,从而也增强了整个生产周期的后劲。此外,覆土后所营造的新的生态环境,还会使常见的木霉、链孢霉、毛霉、根霉等杂菌的活动受到不同程度的削弱,从而有效减轻杂菌的危害。

31. 什么叫仿野生栽培?

根据一种食用菌的生物学特性和生活习性,模仿其野生状况下的环境条件,利用自然气温出菇的栽培方法称为仿野生栽培。野外荫棚下畦床覆土袋栽的灵芝,柄粗短,菌盖大,色泽深,与野生灵芝十分相似。野外遮阳网下收获的猴头菌,更像天然产品,食用口感好,售价大大高于一般室内袋栽的产品。有时仿野生栽培还具有降低成本、管理省工省时等优点。仿野生栽培虽然有其优点,但不可不分品种、不加分析地盲目推行。经过长期的实践,通过育种、栽培等多方面的努力,菌盖较小、菌柄细长洁白的金针菇商品形象已广受消费者欢迎,如果进行仿野生栽培,产品将变得盖大、柄短、色深,效果将适得其反。平菇、凤尾菇等平菇属食用菌的多种室内外栽培技术,经过广大菇农的反复探索、改进,在产量、质量及经济效益等方面都已达到了令人满意的水平,没有必要再刻意去搞仿野生栽培。早已成功地进行了大规模商业化代料栽培的平菇、金针菇、猴头菌、滑菇等木腐性食用菌,再回过头去搞仿野生的段木栽培,就更是得不偿失,不足为训。

32. 我国栽培的食用菌有哪些种？

至 20 世纪末为止，我国在不同程度、不同规模上已栽培过的食用菌已达 50 种以上，大致可分为两大类。第一类为栽培历史较久、生产规模较大，技术成熟或已基本成熟，已进入商业化生产阶段的种。计有香菇、蘑菇、草菇、平菇、金针菇、猴头、滑菇、黑木耳、银耳、茯苓、竹荪、灵芝等 12 类，其中蘑菇、平菇、黑木耳、竹荪等都包括 2 个或更多不同的种。第二类是栽培历史较短，尚在驯化、试种或小规模生产阶段的种。在谈及"怎样购买菌种"时曾经提到，许多食用菌，尤其是栽培历史短、尚在驯化中的种，有正式中文名，有商品名还有俗名，容易混淆和弄错，为此，特将两大类食用菌的拉丁学名、中文名、商品名分别列于表 5 和表 6，供参考。其中表 6 并未将书刊上已报道过的驯化栽培种完全列入，而是根据栽培及市场状况选择了其中的一部分。

表 5　中国商业化栽培的食用菌

拉 丁 名	中 文 名	商 品 名	备 注
Lentinula edodes	香　菇	香　菇	
Agaricus bisporus	双孢蘑菇	蘑菇（白蘑菇）	还有大肥菇 *A. bitorquis*
Volvariella volvacea	草　菇	草　菇	
Pleurotus ostreatus	糙皮侧耳（平菇）	平　菇	还有凤尾菇（*P. sajorcaju*）等
Flammulina velutipes	金针菇	金针菇	
Hericium erinaceus	猴头菌	猴头菌（菇）	
Pholiota nameko	滑　菇	滑菇（滑子蘑）	
Auricularia auricula	黑木耳	黑木耳	还有毛木耳（*A. Politricha*）等

拉丁名	中文名	商品名	备 注
Tremella fuciformis	银 耳	银 耳	
Poria cocos	茯 苓	茯 苓	
Ganoderma lucidum	灵 芝	灵 芝	
Dictyophora indusiata	长裙竹荪	竹 荪	还有短裙竹荪 (*D. duplicata*)等

表6 中国部分驯化栽培中的食用菌

拉 丁 名	中文名	商品名	备 注
Agrocybe cylindracea	柱状田头菇*	柳松菇	即 *A. aegerita* 亦称杨树菇
Agrocybe chaxingu	茶薪菇*	茶薪菇	
Pleurotus ferulae	阿魏侧耳	阿魏蘑	
Pleurotus eryngii	刺芹侧耳	杏鲍菇	
Pleurotus cornucopiae	紫孢侧耳	姬 菇	
Pleurotus abalonus	鲍鱼菇	鲍鱼菇	
Pleurotus citrinopileatus	金顶侧耳	榆黄蘑	
Pleurotus salmoneo-stramineus	桃红平菇	桃红平菇	
Pleuroeus tuber-regium	菌核侧耳	虎奶菇	
Hgpsiygus marmoreus	玉 蕈	真姬菇	自日本引进
Coprinus comatus	毛头鬼伞	鸡腿蘑	
Grifola frondosa	灰树花	灰树花	
Agaricus brazil	巴西蘑菇	姬松茸	

拉丁名	中文名	商品名	备注
Strophairia rugoso-annulata	皱环球盖菇	大球盖菇	
Gloeostereum incarnatum	榆耳	榆耳(榆蘑)	
Lyophyllum ulmarium	榆干离褶伞	大榆蘑	
Tremella anrantialba	金耳	金耳	

﹡二者子实体形态极为相似,是否确为两个不同的种尚有争议

二、食用菌优质丰产栽培技术

33. 香菇段木栽培有哪些主要步骤？

20 世纪 70 年代末期以前,段木栽培曾是我国香菇栽培的主要方式。现在段木栽培分布范围逐渐减少,湖北、陕西、安徽、四川、江西等省部分山区尚有一定规模的段木栽培。香菇的段木栽培需经历长达 3～4 年甚至更长的生产周期。在整个生产周期中,菇木经历了从接种、发菌到出菇,从出菇高峰到养分耗尽、停止结实的复杂过程。归纳起来,香菇的段木栽培大体有五个主要步骤。

(1)**段木准备**　选胸径 12～20 厘米,树龄 10～25 年的麻栎、枹栎、栓皮栎、米槠、刺栲、枫杨、枫香等适宜树种,在叶片三成变黄至翌年早春树萌芽前将树伐倒,待其干燥至失去萌发力之后,剔除枝条,将树干截成 1～1.2 米长的段木,用 5%石灰乳涂刷断面。

(2)**接种**　在气温 5℃～20℃,段木含水量适宜(打孔时无树液渗出,树心有细裂纹)进行接种。通常采用木屑种接种

（图 10），木块种已极少采用。

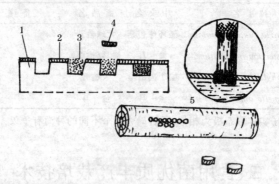

图 10　段木木屑种接种法

1. 木质部　2. 树皮　3. 菌种　4. 树皮盖　5. 取盖方法

（3）**堆码发菌**　接种后,要将菇木堆码起来,进行发菌。发菌可分为两个阶段。

第一阶段为定植阶段。菇木多以直立式、顺码式等较集中的形式堆码,以利保温保湿,促使菌丝顺利定植,时间约 20～30 天。

第二阶段即发菌阶段。定植后,选三分阴、七分阳,无直射阳光,通气条件好,雨后不积水的场地,将菇木以"井"字形、蜈蚣式或覆瓦式等形式堆放(图 11),创造条件让菌丝在菇木中迅速而充分地蔓延,时间约 6～7 个月。其中"井"字形多用于平地,春季多雨,环境潮湿的地带。覆瓦式多用于场地坡度大,环境较干燥或狭窄的山地。蜈蚣式多用于通风不良的多湿地或坡度较大的山地。

堆放发菌期间,每隔 1 个月左右要翻堆 1 次,把里外上下的菇木互调位置,以加强通风换气,调节菇木的湿度。翻堆后可根据天气变化、树皮厚薄和湿度大小改变堆放形式,以更有

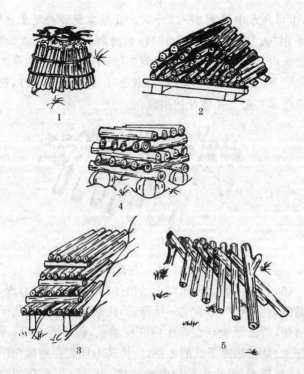

图 11　菇木堆放方式

1. 直立式　2. 顺码式　3. 覆瓦式　4. "井"字形　5. 蜈蚣式

利于菌丝的均匀长出。还要根据不同的环境条件进行遮荫,避免阳光直射。自然荫蔽度过差的菇场,要设置人工荫棚,天气过度干旱时,应适当浇水保湿。

(4)**架木出菇**　经过8～9个月的发菌,如发现用手按树皮感觉柔软,富有弹性;用手敲打菇木,菇木发出浊音或半浊音;树皮内组织松软,呈黄褐色,散发出香菇菌丝特有的香味;树皮裂开小口,露出白色菌丝组织,表明菇木已经成熟,即将出菇。此时可勤喷、轻喷水,每天少量多次,使菇木均匀吸足水分,也可在水中浸泡8~12小时。让菇木充分补足水分后,即可采用"人"字形架木(图12)以利出菇,香菇长至八分熟,菌盖边缘内卷时,即可采收。在南方,当年春天接种的菇木如管理得当,可在秋天收到少量"报讯菇"。无论南方北方,收获的高峰期都在第二年才开始出现。

图12 "人"字形架木

(5)旧菇木的管理 对于已出过菇的旧菇木的管理,一是在温度适宜季节,每收完一批菇后,让菇木有一个适当干燥的养菌期,待菌丝重新在菇木内旺盛生长,吸足养料后,再补水催菇。二是在寒冷干燥的冬季,应将菇木堆放在避风向阳的地方,适当覆盖,保温保湿培养菌丝体,为下一年香菇的丰收打下良好的基础。三是香菇收获后,当平均气温超过18℃,即很少出菇。这时应做好荫蔽调湿的越夏管理工作。

34. 香菇露地袋栽有哪些主要步骤?

从20世纪80年代中期以来,露地袋栽逐渐取代段木栽培成为我国香菇栽培的主要方式。目前,我国各地多种多样的香菇代料栽培方法,基本上都是以起源于福建的露地袋料法为基础发展而成。露地袋栽的整个生产管理过程大体可分为四步。

(1)菌袋制作 选用木屑 78%,麦麸 20%,蔗糖 1%,石膏 1%;木屑 40%,棉秆粉 40%,麦麸 18%,蔗糖 1%,石膏 1%;蔗渣 44%,木屑 44%,麦麸 10%,蔗糖 1%,石膏 1%;玉米芯粉 60%,木屑 20%,麦麸 18%,蔗糖 1%,石膏 1%等适宜配方配制培养基。装袋,灭菌,接种,在适温下培养 60 天左右。

(2)脱袋排场 当接种穴周围变成浅褐色,袋壁四周菌丝体皱缩呈波浪状,菌筒松软,富有弹性,并有部分原基出现时,即可脱袋排场。脱袋应选晴天或阴天进行。将脱去塑料袋的菌筒排放在菇床架上,倾斜呈 70°～80°角,筒间距离 3～4 厘米,每排 8～9 筒(图 13)。排场后 3～5 天内不要掀动棚架上的薄膜,让薄膜内壁有一层细小水珠,造成高湿环境,以促进菌丝恢复、菌膜形成。

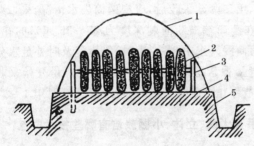

图 13　菇床棚架及菌筒排放

1. 拱形棚架　2. 菌筒　3. 木架　4. 畦床　5. 排水沟

(3)转色管理 菌筒脱袋排场后,在光线增强,氧气充足,尤其是温、湿差拉大等环境因素影响下,菌筒表面白色绒毛状菌丝逐渐倒伏,并形成一层红棕色菌膜,称为转色。转色适宜,菌膜呈红棕色并带有金属光泽,出菇早,朵形适中,质量好,产量高。为使转色正常,脱袋后的温度最好在 19℃～23℃之间。12℃以下低温和 38℃以上高温对转色不利。在脱袋 4～5 天后开始揭膜通风,每天 1～2 次,每次约半小时。7～8 天后,菌丝开始吐水,通风次数要增加到 3～4 次,并延长通风时间,促使菌丝倒伏。菌筒表面出现过量黄褐色水珠时,可轻轻喷水冲洗,待菌筒稍干后,再盖上薄膜进行正常管理。

(4)出菇管理 菌筒转色后,白天将菇棚盖严,以提高温度和湿度,晚上揭膜通风,尽量使昼夜温差达 10℃以上,并使菇棚内保持较明亮的照度,以刺激原基分化。当幼菇长至 2 厘米大时,开始喷水。温度保持在 18℃以下,空气湿度保持在 90%左右,菇体达七、八分成熟,即菌膜已破,菌盖未完全展开,尚有卷边时,即可采收。采菇后,应揭膜通风 0.5～1 天,然后加盖薄膜,停止喷水,每天通风 1～2 次,促使菌丝恢复生长。经 1 周后,当采菇根基处变成白色时,可转入下一潮菇的出菇管理。第二潮菇采收后,应视菌筒失水情况,采取刺筒(用 8 号铁丝在菌筒端横断面刺深度为 25～35 厘米的孔)滴灌、浸水(将菌筒浸入水中 2～6 小时)等措施及时补足水分。在长江以南地区,香菇露地袋栽一般当年 10 月份开始采收,除冬季严寒时节停止出菇外,收获期可一直延至翌年 4～5 月份。

35. 香菇大袋、立体、小棚栽培有哪些技术要点?

香菇的大袋、立体、小棚栽培是针对中原地区冬春气候干燥,昼夜温差大,低温时间长等特点而采用的一种着重于培育花菇的栽培方法。该法除具有大袋(20～24 厘米×55 厘米),立体(6～7 层层架)和小棚(每棚 500 袋左右)等特点外,在培育上有如下技术要点:

(1)菇蕾培育

①催蕾:常用浸水催蕾,浸水要以菌袋重量为准,如原菌袋重 4 千克,第一次浸水后重量应稍低于 4 千克(菌袋从浸水

池中取出后其表面不滴水）。浸水后调节温、湿、光、气,促使现蕾。即有 10℃ 以上的温差刺激,白天 20℃ 左右,晚上不低于 6℃,空气湿度 80%~95%,并给予干湿刺激、充足的氧气和一定的散射光照。这样经过 3~5 天,菌袋即可现蕾。

②护蕾和疏蕾:催蕾 3 天后检查现蕾情况,蕾盖直径小于 0.5 厘米,就要用小刀将薄膜沿菇蕾柄的周围划开 2/3。若一个菌袋上现蕾太多,应进行疏蕾,每袋留 6~8 只,留下的幼蕾距离要均匀,大小一致,幼蕾已伸出袋外的菌袋,即可进棚上架。

③育蕾:要保持菇棚温度在 8℃~16℃,空气湿度 80%~90%,一定的散射光和新鲜空气。幼菇生长初期 5~7 天内,不可掀去菇棚的薄膜,晴朗无风的天气或需通风换气时,可酌情掀膜几小时。

④蹲菇:菌盖直径在 2.5 厘米以下的幼菇生长后期,要注意控温促壮,温度在 5℃~12℃,空气湿度也适当低一些(80%~85%),并要有适当的光照和充足的氧气。以手指摸菇盖感到顶手,似花生米硬为度。菌肉这样致密的幼菇,组织坚实,菌盖表皮裂纹后能培育出优质花菇。

(2) 花菇培育

①催花:当棚内幼菇盖径大部分达 2~2.5 厘米时,适时催花。天气晴朗时,上午 10 时后掀去菇棚上的薄膜,让太阳光直射和微风吹拂幼菇,此时菇盖表面呈干燥状态。下午 2~3 时盖上薄膜,晚上当手指摸菇盖有潮湿感可先不加湿,如干燥可加湿,如发粘说明湿润度过大。加湿时可将水蒸汽通入菇棚或向加温铁管上泼水产生水蒸汽,为了避免煤燃烧产生的一氧化碳和二氧化硫影响菇农健康和降低菇的品质,菇棚内不宜用煤炉直接加温。一般要在晚上 11~12 时开始在菇棚内加

温排湿,使菌袋温度达 15℃以上,使幼菇菌盖表面湿润软化。加温约 4～5 小时后,迅速掀去菇棚上的全部薄膜,幼菇菌盖表皮由湿热状态骤然遇干冷,再遇冷风吹刮,会立刻出现裂纹。

②育花:当幼菇盖表皮出现裂纹后,照上法连续 4～5 个晚上 11 时后加温排湿 4～5 个小时。白天天晴时掀去棚上薄膜,让冬季阳光直射裂纹,以增加裂纹白度。

③保花:白花菇在发育过程中,应控制棚内空气湿度在 70%以下,同时在晴天掀去棚膜,让阳光直射菇体,使裂纹增白。花菇从现蕾到花菇长成采收大约 1 个月左右。

36. 如何进行香菇的高棚层架栽培?

高棚层架栽培是浙江南部推行的栽培方法,该法不仅可提高花菇产量和质量,而且可不占或少占农田,经济效益和生态效益都较好。其技术要点如下:

(1)场地选择与菇棚搭建 选空气流通、冬季有微小西北风、阳光充足、地下水位低、土质干燥、近水源的山地、旱地或排水良好的农田搭建菇棚。菇棚分两层,上为 2.2～2.4 米高的遮荫棚,下为内放 5～7 层层架的塑料大棚。荫棚顶部遮荫物较稀疏,以利透光,四周遮拦物勿太密,塑料棚四周薄膜可升可降,以利透风。

(2)菌袋制作及养菌 按常规方法制菌袋,每袋装湿料 1.9 千克。在发菌管理阶段要适时进行翻堆和刺孔通气,使菇筒在袋内自然转色,菌皮厚度适中。一般是在菌丝蔓延缓慢、末端不整齐时在距末端 2 厘米处刺孔,深度 1 厘米左右,然后在菌丝满袋后用刺孔器刺 2～3 排孔,深度 1.5 厘米左右,使瘤状物软化和转色均匀,最后一次在始菇期前 1 周对全袋打

4～5排孔,孔深2厘米左右,以刺激菇蕾形成。菇木生理成熟后脱袋,涂一层保水膜。

(3)催蕾和催花 采用人工催蕾法使菇蕾在适宜花菇形成的天气(即连续5天以上晴朗天气)来临前发生并长至适当的成熟度,是高棚层架栽培花菇技术最重要的高产措施之一。适宜品种达生理成熟后,只要给予搬动和温差刺激,菇蕾都较易发生,对于水分偏低的菇筒在养菌后还需给菇筒补水,这时要特别注意水温,水温一定要比菇筒温度低。如气温偏低,注水起不到温差刺激的作用,菇蕾难以发生,这时就需把菇筒堆叠起来,盖上薄膜,上压重物,直到见菇筒流出黄水再揭膜通风,菇筒稍晾干后再把薄膜盖严,重复操作,一般情况下4～6天菇蕾就会发生。菇筒上菇蕾不宜太多,每段菇筒保留4～6只长势好的菇蕾,并培育菇蕾至2厘米左右再移到层架管理,因菇蕾太小容易萎缩死亡,菇蕾太大,形成的花菇中心没裂纹,成为"伞花菇",质量差。

菇蕾长至适当的成熟度置入层架后,需稀疏东西向遮拦物,揭开塑料棚薄膜使东西向有风吹动,如气温偏低,上盖遮荫物也需排稀,以增强通风和光照,加速花纹形成。

(4)采摘 如是鲜售,没开膜商品价值最高,不能待开膜之后再采收;如是干销,可以到七八分成熟,菌盖尚未完全展开还保持内卷时采摘。

37. 如何进行夏香菇的覆土地栽?

香菇覆土地栽是福建等南方地区为适应高温时节生产而开发的一种新的栽培方法。其栽培技术要点如下:

(1)菇棚搭建 选坐北朝南、夏季阴凉寡照、排灌水方便、沙质土壤的场地建棚。棚高2.5米,遮阳物应厚些,以利于降温。荫棚内用竹片或木架搭宽 3.5 米、高 2.2 米的弓形防雨塑料中棚,也可用竹片拱成一畦一棚的塑料膜防雨小棚,夏菇棚以二阴八阳为宜。

(2)**菌袋制作与养菌** 按常规方法制作菌袋。培菌期需刺孔通气 2 次,第一次是在菌丝圈直径达到 8～10 厘米时,用干净小竹签在接种口周围刺 4～5 个深度 1 厘米小孔,刺孔后的菌袋菌丝新陈代谢加快,袋温逐渐升高,应加强通风散热,防止烧菌。当菌丝长满袋后 5～10 天进行第二次刺孔,在每个菌袋上再刺孔 20～30 个,刺孔的直径与深度,视菌袋含水量而定,含水量高的,刺孔直径可大而深;含水量低的,则相反。第二次菌袋刺孔后,菌丝新陈代谢更快,更要避免高温烧菌。菌筒培养 80 天左右,接种口即开始转色并渐达生理成熟,此时可在晴天移入菇棚进行脱袋。

(3)**脱袋、转色** 于晴天或阴天,把发好的菌筒运进菇棚排在畦面上,并在正反面各划开裂口养菌"炼筒",十多天后选气温 18℃～25℃的无雨天进行脱袋,如果是小棚,应边脱袋边拱竹片、边盖薄膜。如棚内气温在 20℃左右,可保持 3～4 天不通气,让菌丝恢复;如气温超过 25℃时,可酌情揭膜通风降温。5～7 天后,早、中、晚分别进行揭膜通风,促使菌丝倒伏、慢慢转色,并根据气候变化,酌情适量喷水。

(4)**覆土、催蕾** 土质以较肥沃、疏松、吸水和透水性好、无杂菌、无虫卵的半沙性土壤为佳(如风化土和火烧土等)。土壤可用 5%石灰粉拌匀杀菌,排筒覆土时间以脱袋后 15～20天、菌筒表面呈淡棕褐色为适期。覆土时,将处理好的土壤均匀撒盖在菌筒表面和填满菌筒间,然后浇水,再补盖覆土填满空隙。掌握晴、阴天不盖薄膜,雨天把拱棚两头和畦两边薄膜收起一部分以利通气,并保持覆土层湿润。转色好的菌筒,选择昼夜温差较大的天气,白天盖严薄膜,夜间揭开薄膜,拉大温差,连续刺激 4～5 天,即现原基,菇蕾生长期可进行适量喷水管理。

(5)出菇管理与采收 菇蕾长出后,如果出菇过密过多,应选优去劣,摘除多余菇蕾,一潮菇每筒只留 5～8 朵,根据气候条件及菇体的长速适时采收。每采收完一潮菇应停止喷水,并保持畦面和菌筒的湿度,让菌筒恢复 7～10 天。视菌筒的含水量,若含水量低可在畦沟内灌跑马水,待菌筒吸足水分后排干畦沟水,让菌筒恢复 5 天左右,又可进行下潮菇催蕾管理。

38. 南方地区如何进行香菇的反季节栽培?

南方地区香菇的反季节栽培是将接种期由秋播改为春播,而出菇期则由原来的冬、春出菇改为夏、秋出菇。反季节栽培中应注意相应的技术要求和栽培管理。

(1)技术要求 选海拔 700 米或更高一点的地区为栽培区,品种以中高温及高温品种为宜;应根据气象资料及品种温型,以符合拟用品种第一潮菇出菇最适温的始日和终日为起点和终点,并以该品种对菌龄的要求为依据,向前推移 80～100 天,确定最适接种期。

(2)栽培管理

①选场搭棚:选夏凉冬暖、通风,水源充足并最好靠近泉水、井水、溪涧的地方作菇场。按常规方法搭建菇棚。但春末夏初,随气温上升应增加覆盖物厚度,做到七阴三阳,入秋后随气温下降,要疏散覆盖物,逐步调整为三阴七阳。

②菌袋制作及发菌:按常规方法制作菌袋,菌袋规格稍小和稍短于常规标准,以防菌筒断裂。播种期为当年 12 月份至翌年 2 月份。过早菌筒遇低温转色,过迟出菇时超过温度上

限,影响产量。发菌前期温度过低时应采取加温措施,后期应防止高温伤菌。

③脱袋转色:发菌完毕因气温较高,为防止烂筒,脱袋应稍加提前。即当原基出现后刚现黄水,略有转色迹象时便开始脱袋。在转色前期减少通风,延迟表层菌丝倒伏时间,使菌膜稍厚于常规袋栽要求,以利于越夏管理。

④催蕾:秋、冬、春菇采取常规浸水催蕾法,夏菇尤应注意冷水催蕾法的应用。菌筒含水量应略低于常规袋栽的含水量,力求使每潮菌筒平均出菇数在 5 个左右,以提高菇的质量。

⑤水分管理:春、秋菇水分管理与常规栽培基本相同。夏季应于早、晚各喷冷水 1 次,白天紧盖薄膜,加厚菇棚覆盖物,以减轻强光辐射的影响。视情况还可采取中午棚顶喷冷水,在菇棚畦沟灌水等措施降温。

⑥越夏管理:菌筒的安全越夏可因地制宜采取多种办法。例如,将菌筒置于有增厚覆盖物的九阴一阳菇棚内床架上的就地越夏;将菌筒以"井"字形堆放在排干水的浸水沟内,上覆稻草和 20 厘米厚土的沟中越夏;将菌筒在山洞、防空洞内堆放的洞穴越夏等等。越夏后的菌筒可按常规方法浸水出菇。

39. 如何进行香菇的生料栽培?

香菇的生料栽培,由于排除杂菌污染难度极大,目前仅在我国气温最低的北部部分地区有一定规模的试种和栽培。其技术要点如下:

(1)栽培季节 香菇生料栽培适宜的季节是早春,一般可从 3 月初开始,清明前结束。要适时早播,低温发菌,以尽量减少杂菌污染。

(2)装料播种 采用玉米芯(粉碎)88%,麦麸 10%,石膏

1%,石灰 0.9%,多菌灵 0.1%;木屑 44,玉米芯 44%,麦麸10%,石膏 1%,石灰 0.9%,添加剂(添加剂是一种由生长激素、微量元素、高效肥和杀菌剂的复合制剂)0.1%等配方。一次配 100 千克。培养料拌好后,就可进行装袋播种,每袋装干料约 1.2 千克。边装袋边播种,采用 4 层菌种 3 层料的层播法,接种量 15%~20%。袋栽播种后,袋两端用钉子打眼,袋中间接种处也用钉子扎眼,以利于通风透气。然后在大棚内或室内"井"字形堆垛养菌,垛高 3~5 层。

(3)发菌管理　在菌丝培养阶段,发菌场所温度最好控制在 20℃以下、15℃以上,袋内温度不得高于 25℃。湿度不需人为特殊调节,遮光发菌,棚内要始终保持良好的通风条件。按此管理方法,30 天左右菌丝长满料袋。

(4)转色出菇　当料袋中的菌丝有一部分转变为棕色、有黄水吐出时,脱去塑料袋,将菌块平放或立放于大棚地表面,让其边转色边出菇。出菇阶段每天拉大昼夜温差,进行变温刺激,大棚空间的相对湿度控制在 80%左右,保持较强的散射光,并要求通风良好。

(5)后期管理　第一潮菇采收后,停止喷水,让菌筒略干燥数日,恢复菌丝生长,见菇根周围菌丝变成浓白色并逐渐转色时,可进行埋袋灌水出菇或浸水出菇的管理方法。

①埋袋灌水出菇:在大棚内做畦,畦宽 1 米,长不限,深与菌筒高相等。将菌筒立放在畦内,每平方米放 25 袋。菌筒间用细土填实,然后灌大水,湿透菌筒。灌水后菌筒上表面覆盖0.5 厘米厚的湿润细土,经过 3~5 天可长出第二潮菇。埋袋灌水出菇管理要做到,每采一潮菇,畦内干燥 10 天左右,然后灌足水,再让其出菇,一般每半月左右采收一潮菇。

②浸水出菇:浸水处理时要用洁净的冷水,浸水时间要根

据菌筒干湿程度而定,一般为 4～8 天。浸水出菇管理应做到,每采一潮菇,让菌筒干燥一段时间,然后再浸水出菇。到 7 月中旬前后,可将已出过几潮菇、菌丝活力减弱的菌筒平埋在玉米地上茬套种土豆、洋葱、小麦已收获的空地里,这样既可保证菌筒安全越夏,又可靠自然气温和环境继续出菇。

40. 怎样提高花菇形成率?

只有在整个生产周期中,自始至终,方方面面地为花菇的形成创造良好条件,才能提高花菇的形成率。归纳起来,花菇的形成与下列因素有较密切的关系:

(1)**培养基成分** 以硬质栎类木屑为主要原料,装料坚实,花菇形成比例较大。

(2)**菌种** 花菇的形成虽然是非遗传性状,但相对而言,温型为低温、中低温,单生菇多,较耐干燥,菌皮薄的品种,有利于花菇形成。

(3)**菌筒含水量** 以 60%～65%为宜。

(4)**空气湿度** 以 55%～70%为宜。

(5)**温度** 偏低的温度 即 12℃～15℃有利于花菇的形成及花菇质量的提高。

(6)**光照与通风** 较强的光照及良好的通风对花菇的形成有利。

(7)**菇蕾成熟度** 适宜采取人工催花措施的幼菇的直径在 2～3.5 厘米范围内。

在综合考虑上述条件的基础上,根据具体情况适时采取炼菇(催花前让幼菇在较低温度和较干燥的空气中适应、锻炼一段时间)及加温催花、加温加湿催花、揭膜调水催花和催蕾与催花分室进行等措施,即可有效提高花菇形成率。

41. 袋栽香菇出现畸形菇的原因是什么?

导致出现畸形菇的因素很多,归纳起来,大致可分为如下三个方面:

(1)**环境因素** 在原基分化及子实体成长过程中,不良环境条件,尤其是高浓度二氧化碳及光线过弱,都将导致畸形菇的形成。

(2)**生理障碍** 原基形成部位过深,养分过多消耗于菌柄的生长;原基分化过多过密,导致其中一部分缺乏充分分化发育所需的条件;营养生长向生殖生长转化阶段促控措施不当(菌皮过厚过薄是常见的表现之一),使原基分化和幼菇发育受阻;菌丝尚未充分成熟,外界条件的改变导致提前分化等都可能引起畸形菇的产生。

(3)**机械损伤** 出菇时割袋不及时造成机械挤压,菌皮的大面积损伤等都可导致畸形菇的出现。

针对上述情况,在原基分化和子实体形成阶段,应加强通风换气并给予充足的散射光;恰当运用各种调控措施促使转色顺利进行;在栽培管理中注意避免幼菇的机械损伤,以尽量减少畸形菇的发生。

42. 袋栽香菇为什么会烂筒?

烂筒是袋栽香菇生产过程中,菌丝逐渐弱化、衰败、消退以至菌筒最后完全自溶解体的一种现象,它并非是单一原因引起的病害,而是多种因素共同作用造成的一种综合性症状。其发生原因可归结为四个方面。

(1)**环境不适** 培养温度长期过高,菇棚通风不良,越夏菌筒长期处于湿度过高、温差过大、阳光过强的环境,都易造成烂筒。

（2）**病虫危害**　螨虫、线虫、蟑螂等害虫取食菌丝，刺伤菌皮，引起杂菌污染、病害流行，也是导致烂筒的重要原因。

（3）**管理不当**　刺孔通气时，放气孔过深过靠边，易使杂菌侵入筒内；放气后排放过挤引起烧菌，菌筒表面淤积过多黄水未及时处理；采菇时留有残根，割袋出菇时未及时剔除病、死菇蕾引起杂菌污染等，都会加重烂筒的发生。

（4）**菌种抗性较弱**　烂筒多发生于4～8月份的温度较高季节，抗逆性较差的低温型品种，烂筒现象往往较重。

从上述情况可知，只有从改善环境条件，妥善防治病虫危害，提高栽培管理水平和选用抗逆性较强的优良品种等方面采取综合措施，才能有效防止烂筒的发生。

43. 袋栽香菇不出菇有哪些原因？

袋栽香菇不出菇是生产中经常遇到的问题。在实践中发现，如果在季节和品种上没有重大失误，不出菇菌袋通常只占总数的一小部分。其外观特征表现在三个方面：一是菌袋重量较出菇菌袋重；二是菌袋表皮转色早，颜色较深；三是菌丝细弱，颜色发暗。不出菇的主要原因可归纳为以下四点：

（1）**栽培季节不当**　利用自然气温出菇时，无论春栽或秋栽，若接种时间过早或过迟，都可能使第一、二潮菇出菇时遇上过度的高温或低温，难以出菇。因此，必须根据当地气候条件，妥善安排接种时间，力求使菌丝达到生理成熟的菌筒尽可能长时间地处在出菇适温期内。

（2）**菌种选用不当**　不了解菌种出菇温型等基本特性而盲目引种，生产时在季节安排、管理措施上又没有采取相应措施，则所引菌种可能因与当地气候条件、栽培方式不相适应而不能出菇。

（3）制袋质量不佳　木屑过细,培养料空隙过小或培养料水分过多(有时拌料不匀或堆放时间过长会造成部分料袋水分过多),都会导致氧气不足,菌丝分解木质素等养料的能力减弱;木屑过粗,培养料过于松散,菌丝生长出现间隙,也影响菌丝养分的积累。当外界条件适宜出菇时,细弱的菌丝会因营养不良而难以出菇。

（4）管理不当　发菌期间,晚熟品种尤其是其中水分过多的菌筒,若刺孔次数或孔数过少,会造成供氧不足,影响发菌质量;转色期间若调控措施不当,致使菌皮过厚,都会影响出菇。

44. 什么是菌皮？如何解决菌皮形成过厚过薄的问题？

菌皮是袋料栽培菌体(菌筒、菌块等)表层菌丝所形成的一层质地较坚韧的覆被物,也称菌膜。菌皮对内部菌丝有保护作用,对菌筒有机械支撑作用,并为与其交接的菌丝的纽结和原基分化创造了较好的环境。菌筒在适当时机形成适当厚薄的菌皮,与菇的产量和质量有密切关系。造成菌皮过厚过薄的原因及处置措施可归纳为两点:

（1）菌皮过厚　瘤状突起过盛,往往造成培养料与袋膜之间间隙太大,气生菌丝旺盛,水分丧失太快,最终造成营养过度消耗和菌皮过厚。处理方法是在菌瘤玉米粒大小时,主动刺孔增氧,减少菌瘤的产生。在出菇管理期如菌皮过厚(尤其是生长较差的弱势品种),可在出菇前浅刺(1.5厘米)约50个孔并水浸1昼夜以上,以达到软化菌皮、刺激出菇和培养料增水三个目的。

（2）菌皮过薄　最常见的原因有四:其一,光照过弱;其二,袋膜紧贴菌丝体,不能形成气生菌丝;其三,表皮菌丝未达生理成熟前,因低温等刺激提前进入生殖生长,秋栽品种接种偏迟常有此现象;其四,某些品种的特性决定。

消除上述几个障碍,除调整光照、品种和接种期外,调整培养基持水量是关键。持水量大,菌棒内部缺氧,菌丝向表面聚集,管理中后期菌棒收缩多,袋膜宽松,易形成厚菌皮,反之菌皮较薄。

根据这种情况,结合品种特性,在干料加1倍水这个中间点上,强势菌株适当加大持水量以减缓代谢,减少营养消耗,能增大菇型和生物转化率,而对弱势菌株则适当减少持水量,减少刺孔数,更有利于形成适度的菌皮并顺利出菇。

45. 什么叫转色？转色不正常如何处理？

脱袋后菌筒或压块后菌块表面的菌丝由白色转变为红褐色的现象称为转色。转色正常的菌筒,出菇适时,稀密适中,质量好,产量高。转色不正常表现、原因及处理方法主要有五种。

（1）**转色过淡**　主要原因是:脱袋迟,转色时气温低,湿度小;养料含水量过低,或接种穴通气过早;脱袋后未及时盖薄膜保湿,菌筒失水过多,表层菌丝干枯,失去生长能力;场地过干或菇床上的薄膜破损,无法保湿。可采取加强菇床覆盖,及时喷水、灌水等增湿措施,诱发表层气生菌丝生长,使菌筒重新转白、转色。

（2）**菌丝徒长,难以转色**　主要原因是菌龄太短,场地太湿,培养料中含氮素营养过高且水分充足。可较长时间将薄膜全部揭开,使菌筒表面干燥,或用1‰～2‰石灰水涂刷菌筒,强制气生菌丝倒伏,促进转色。

（3）**形成厚膜且转色过深**　主要原因是脱袋时气温过高,

湿度过大,通风不足,菌筒表面黄褐色水珠淤积所致。所以当脱袋后气温高于 25℃时,应揭膜通风排湿,并增加菇场的荫蔽度,并及时清除淤积的黄水。

(4)菌筒表面原基脱落,转色受阻 这种情况多出现于脱袋后的第二天,原因是脱袋过早,菌丝尚未达到生理成熟,或环境变化剧烈,不能适应。应采取措施将菇棚温度控制在 25℃以下,并适当喷水、通风,使菌丝恢复生长。4～6 天后,菌筒表面会重新长出白色菌丝并逐渐转色。

(5)菌筒局部转色 多为脱袋前菌筒被杂菌侵染,或脱袋后遇高温高湿天气诱发杂菌蔓延所致。为避免杂菌的大规模扩散,杂菌严重污染的菌筒不要脱袋,以便集中进行适当处理。

46. 北方秋栽香菇幼菇期要做好哪些防护措施?

20 世纪 90 年代中期以来,我国北方秋栽香菇的面积日渐扩大。秋栽的目的在于利用北方冬季气候寒冷、干燥多风的条件,培育优质花菇。秋栽香菇 8 月下旬制袋接种,11 月下旬或 12 月份开始出菇,此时气温低,空气干燥,从菌袋划口处伸出的幼蕾,对外界适应性差,若不加强管理,常导致大面积死菇。为了妥善解决这一问题,须做好"五防"。

(1)防冻死幼蕾 秋栽香菇,出菇期已进入冬季,多寒潮,当气温降至 5℃以下,并连续几天时,常常把幼蕾冻死,其表现是菇蕾发软,像熟了一样。因此,在冬季香菇幼蕾发生后,要注意天气预报,当寒潮袭来时,要加温防冻,加温方法最好用火道。

(2)防干死幼蕾 北方冬季气候干燥,除雨、雾天外,一般空气相对湿度在 40%以下,这样的条件,幼蕾易干死。干死的幼蕾发硬,钉着不长。因此,为防止干死幼蕾,要将空气湿度增大至80%～90%,以利于菇蕾的正常生长。增加空气湿度的方法,是向菇棚内地面洒水或把水蒸汽通入菇棚。

(3)防风吹死幼蕾　香菇幼蕾生长需要新鲜空气,但幼蕾期通风次数不宜过多,尤其不能长期揭去棚上的薄膜让风直吹幼蕾,以防菇体表面水分蒸发过快,造成菇体因失水时间过长、过多而干死。风吹死幼蕾的原因是使菇干死,因此,其表现同干死的幼蕾一样,幼蕾变硬,钉着不长。防止风吹死幼蕾的根本方法,是要盖好菇棚上的薄膜,需要通风时在无风天气短时间揭去薄膜。

(4)防烟熏死幼蕾　北方秋栽香菇,往往用煤球炉置菇棚内加温来升温,但火炉直接在菇棚内加温时燃烧的废烟也排在棚内,废烟中含有大量二氧化碳和二氧化硫,煤球燃烧消耗氧气,当氧气不足时会产生一氧化碳,菇棚内的废烟中积累的大量二氧化碳、二氧化硫和一氧化碳对幼蕾有毒害作用,会把幼蕾熏死。熏死的幼蕾菌盖呈红褐色,有光泽,发干不长。防止措施为幼蕾期菇棚内需加温时,不要用煤球炉直接明火加温,要把废烟排出菇棚外,并要定期通风,加温最好用火道,可避免产生各种废气。

(5)防烤死幼蕾　这是由于在菇棚内加温温度过高引起的,特别是在催花时加温过高,往往整棚幼菇全部烤死。因此,幼菇生长期间,温度宜控制在20℃以下,但不能低于5℃。催花时要加火排湿,但要注意温度不宜升得太高,最好不要高于30℃,且时间要短,加火时要打开菇棚一端门和另一端顶上的薄膜(开一条缝),便于通风排湿。

幼蕾常发生死亡的这五种现象,有些是互相联系的,在管理中要调控好温、湿、光、气等四大环境因素,使幼蕾顺利健壮生长。

47. 在常规管理的基础上,香菇栽培还可采用哪些增产措施?

在常规管理的基础上,无论段木栽培还是袋料栽培,都可以进一步采取一些有利于发菌或出菇的措施,以进一步提高产量或质量,归纳起来,大体可分四个方面。

(1)增加有利于增产的设施 例如香菇段木栽培传统上采用地面"人"字形架木出菇,有条件的地方,可在土层较厚的向阳坡地挖掘宽1.2~1.4米、深0.5米以上的坑道,视坑的深度在坑内进行"人"字形或覆瓦式架木,然后进行淋水、覆膜保温、揭膜通风等出菇管理。这种方法不仅可避免幼菇遭受霜冻和雨淋,还可比常规方法多收一潮菇并提高约1个商品等级。

(2)天然能源的利用 北方冷冻、干燥的天气有利于减少杂菌污染,提高花菇形成率,但也伴随着出菇适温期较短这一缺点。有条件的地方,通过地热温室、日光温室等形式充分利用天然能源加温,将显著提高香菇产量。

(3)人工花菇培育措施的应用 实践证明,无论段木栽培还是袋料栽培,如果仅仅依赖自然条件,花菇的形成率都很低。反之,无论是室内栽培还是室外栽培,无论是高棚层架栽培还是大袋小棚栽培,只要针对实际情况,切实采取有效措施满足有利于花菇形成的空气湿度、温度、光照等条件,花菇的形成率都能显著提高。

(4)覆土栽培的应用 实践证明,覆土具有保温保湿,减轻杂菌危害,促进菌丝生长,提高菇的产量和品质等有益作用。因此,针对生产实际,在菌筒生长的不同时期(菌丝满袋后,转色期,越夏期等),可适当采取覆土措施。

48. 双孢蘑菇粪草堆肥室内床栽有哪些主要步骤？

粪草堆肥室内床栽,一直是国内外双孢蘑菇栽培的主要方法。室外畦栽、大棚栽培等是广大菇农将传统工艺与实际情况相结合并加以发展的产物。粪草堆肥室内床栽包括如下几个步骤。

(1)**建堆发酵** 根据当地条件选用适当配方。配方Ⅰ:干猪、牛粪58%,麦秸40%,过磷酸钙1%,石膏1%;配方Ⅱ:干猪、牛粪 65%,稻(麦)草 30%,菜籽饼 3.5%,过磷酸钙 0.5%,石膏1%;配方Ⅲ:干牛粪 48%,稻草 48%,过磷酸钙 1.25%,尿素 0.5%,石膏 1.5%,石灰 0.75%。经配料、预湿、建堆(图 14)、翻堆等工序,获得具有选择性(只适合蘑菇菌丝生长,不适合杂菌生长)、疏松通气、半塑性、半腐熟的蘑菇培养料。如在室外建堆发酵的基础上,播种前在菇房内通过通入蒸汽或加热增加料温,使培养料进一步发酵腐熟(第二次发酵),增产效果显著。

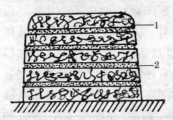

图 14 培养料的堆制

1. 秸秆 2. 畜粪

(2)**做床播种** 将菇房消毒,待培养料中的游离氨消散后,进一步将培养料拌匀,剔除杂质,平铺于床架上,料层厚度约 15 厘米。料温为 25℃左右时即可播种,穴行距10厘米×10 厘米,穴深 3～5 厘米,每平方米用粪草种 2.5～3 瓶。麦粒种可撒播,每平方米用种 1 瓶。

(3)**发菌管理** 播种后3～5 天内注意控温保湿,促使菌种定植。7天后菌丝基本封面,可揭去覆盖在料面的湿润报纸,并通风换气,促使菌丝向料内生长。约2周后,应撬动料层,加强通风,使中层菌丝发透,并迅速长到底部。

(4)**覆土** 取泥炭、塘泥、稻田深层(30厘米以下)土等过筛制取粗(蚕豆大)、细(豌豆大)两种土粒。待菌丝长至料层约2/3时,即可用消过毒并预湿的粗土覆土,每日轻喷水数次,使土粒湿润。5~6天后,当菌丝长至粗土粒之间时,再覆细土。覆土层总厚度2.5~3厘米。

(5)**出菇管理** 蘑菇的出菇管理可分为秋菇、越冬菇及春菇等三个不同时期,其中秋菇可占总产的70%以上,应作为管理的重点。出菇管理首先是水分管理。喷水第一要轻,即菇蕾黄豆大小时喷水可略重些,其余时间每次喷水不要太多,每次不超过0.5升/平方米。第二要视菇情、土情及天气状况灵活掌握,即菇多时多喷,土层干时多喷,晴天多喷,反之则少喷。此外,喷水应以提高空气湿度为主,不要直接向菇体喷洒。其次,出菇期间也要加强通风换气。但要注意两点,一是通风不宜过急,避免菇房温、湿度变幅过大;二是通风量应随出菇数量的增大而相应增大。当然,出菇期间也要注意随着天气和通风等情况的变化而采取相应措施,保证温度的相对稳定。

49. 蘑菇室外畦床栽培有何优点? 如何构筑畦床?

室外畦床栽培又称室外地棚栽培,是利用塑料棚温室效应和地面毛细管效应的相互作用,直接在畦床表面进行生产的一种设施栽培。这种方法具有降低生产投入,操作管理方便,生物学效率高,经济效益好的特点。

筑畦时,选地势高爽、排水畅通、土质稍粘、肥力中上等的早稻田,8月中旬整地,深翻15~25厘米,在地上浇灌25%氨水或 0.5% 敌敌畏杀虫。8 月下旬至 9 月上旬筑畦。畦床通常取南北向,形式有三种。

（1）**双畦地棚** 床面宽 150 厘米,中间开 30 厘米宽、30 厘米深的水沟,形成两条畦面。畦床四周筑小埂,宽、高各 23 厘米。在土埂外侧各开 1 条排水沟,床面搭塑料薄膜地棚,每隔 50～60 厘米用竹片做成拱形支架,拱顶距床面 50 厘米,在支架上覆盖薄膜,上面再加盖草帘遮阳(图 15)。这是应用较普遍的一种筑畦方式。

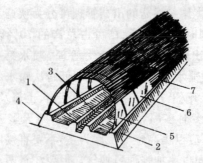

图 15 双畦地棚示意图

1. 畦面 **2.** 小埂 **3.** 水沟 **4.** 排水沟
5. 薄膜 **6.** 竹片 **7.** 草帘

（2）**单畦地棚** 床面宽 120～130 厘米,畦床间距 50 厘米,深 15 厘米,可作走道。畦床两侧各筑宽 12～15 厘米、高 10 厘米土埂,在土埂上插支架搭棚。

（3）**多沟地棚** 床面宽不超过 160 厘米。畦间开水沟,宽 50 厘米、深 10～20 厘米。在畦床上顺水沟方向挖宽 18～20 厘米,深 12 厘米的料沟,料沟间距 8～10 厘米,以土不散入料沟为宜,搭棚方法同上。

50. 蘑菇大田中棚栽培有何优点？如何设置棚架？

大田中棚栽培的优点主要表现在三个方面。首先,单位面积投料量比常规菇房减少一半,而产量大体相当,生物学效率显著提高。其次,菇房搭建省工省料,且日常管理方便,还能节省后发酵的燃料消耗。其三,在室外棚栽的生产环境下,菇形和菇质均优于常规菇房产品。

棚架设置前,先整好场地。选择水田或旱地于9月上中旬整地。如用水田,应先开排水沟,留好地床。地床宽85厘米,2床为1棚,中间留宽50厘米,比地床低20～30厘米的走道。棚与棚间开宽50厘米,比走道低10厘米以上的排水沟。棚的首尾间隙为1.5米,可以连片栽培。棚的高度介于小棚(即地棚)和大棚之间。一般用4.2～4.3米的长竹片将2床搭成一拱形支架。拱顶距床面1.3米。四周用竹(木)棒支撑。走道用4根棒支撑,以足以承载薄膜、草帘和雨雪的重量。拱架外覆一层薄膜,膜外盖草帘遮荫。棚两端的薄膜可以启闭,两边的薄膜用泥土压好。标准棚架以长15米、宽2.2米为宜。棚间距离70厘米,中间挖50厘米排水沟,留20厘米固定棚架(图16)。

51. 蘑菇室外塑料大棚层架栽培有何优点？棚架形式有哪几种？

室外塑料大棚栽培可较大幅度地节省生产投资,节约能源,降低生产成本,空间利用率高,便于进行较大规模的集约化生产。棚架形式有如下三种。

(1) **高棚二层式** 每个棚内起2畦,畦宽1米,地面为第一层,利用棚架支柱搭第二层,层距60厘米。两畦中间留宽

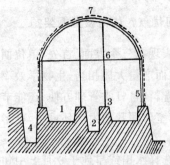

图16 大田中棚示意图

1. 地床 2. 走道 3. 土埂
4. 排水沟 5. 长竹片 6. 支架
7. 覆盖物

50厘米、深20厘米人行道。棚中央高2米,两侧边缘高1.2米,呈拱形,上覆塑料薄膜,膜上加盖散草或草帘遮荫。棚两侧各挖1条排水沟,棚的长度通常为60米。

(2)高棚三畦单、双层混合式 每个棚内起3畦,中间畦宽1.5米,分搭两层,层距60厘米,畦两边各留40厘米、深20厘米人行道,人行道外侧各起1畦,畦宽1米,单层。棚中央高2米,两侧边缘高1.2米,呈拱形。棚两侧各挖1道宽30厘米、深30厘米的排水沟。棚的长度通常为80米。这种形式单、双层结合,操作方便,土地利用率较高,产量较稳定。

(3)高棚多层式 可根据场地情况及生产规模自行设计。棚内可设床架2~3排,每排可搭3~4层(国外多为5~6层)。要开设地窗通风换气。这种形式集约化生产的程度较高,但一次性投资较大,对棚架材料的质量也有较高的要求。

52. 怎样用无粪合成堆肥栽培蘑菇?

用不含畜粪的其他氮源与草料等堆制而成的蘑菇培养料称为合成堆肥。合成堆肥可解决不少地方畜粪不足的问题,还可减少畜粪中所藏病菌孢子、虫卵所造成的病虫危害。合成堆肥使用中应注意以下三个方面的问题。

(1)堆肥成分 首先,最好不以化学氮肥为惟一氮源,配料时加入一定饼肥、酒糟或棉籽壳等有机氮源。其次,最好不用单一化肥,因为化肥有铵态氮、硝态氮等不同的形态,酸碱度也不相同,将两种以上化肥混用,可满足堆肥中各种有益微生物的不同需要。其三,合成堆肥中还应加入过磷酸钙等营养成分。例如:稻草50%,小麦秸35%,尿素1%,硫酸铵2.5%,石膏2.5%,过磷酸钙3%,菜籽饼4.5%,石灰1.5%;或小麦秸88%,豆饼3.5%,尿素1%,硫酸铵2%,石膏3.5%,过磷酸钙2%等均可。

(2)**堆制方法**　基本程序与粪草堆肥相似。饼肥与秸秆在建堆时分层铺放。为了减少速效氮、磷肥的损失,硫酸铵、过磷酸钙可分别在第一次和第二次翻堆时加入。合成堆肥质地疏松、透气性好,便于进行二次发酵。如采用二次发酵,室外堆制时间可缩短10天左右,仅翻堆3次即可。

(3)**栽培管理**　合成堆肥的pH值下降较快,上床时可用石灰水将料的pH值调至8或加占干草重0.5%的过磷酸钙缓冲。合成堆肥的含水量宜比粪草堆肥高一些,要求达70%。合成堆肥的保水能力不及粪草堆肥,出菇期间更应加强水分管理。合成堆肥营养供给的后劲稍差,秋菇后期及春菇期可用培养料浸出液、畜粪稀释液、稀尿素(0.1%)等做追肥施入覆土层中。

53. 北方蘑菇栽培中应注意哪些问题?

北方地区的蘑菇栽培在近十多年来有了很大发展,但是发展不平衡,不少地方产量不稳、单产不高的现象还普遍存在。从栽培管理角度看,还有些问题须加注意。

(1)**抓住适栽季节**　北方冬季长,春季低温时间也长,自然气温适于出菇的时间只有当年10月上旬至11月中旬及翌年4月中旬到5月中旬。其中第一个时间段的产量对总产起着决定性的作用。因此,必须抓住8月下旬至9月上旬这段时间进行播种,以求获得尽可能长的出菇适期。如在9月中旬以后播种,必须有保温性能好和必要设施的冬暖棚作为栽培场所。

(2)使菌种适宜菌龄与堆肥完成期相吻合 由于经验不足、计划不周等主观原因,或堆肥时天气条件变化过大等客观原因的影响,有些地方常有制种过早,菌种等堆肥,或制种过迟,堆肥等菌种的情况发生。显然,无论是菌龄过大还是堆肥已过适宜发酵期,都将导致减产。因此,必须妥善安排,使发酵良好的堆肥能播上适龄的、充满活力的菌种。

(3)统筹协调温度、湿度和通气等环境因素 北方不仅温度低,而且天气干燥,通气与温、湿度之间的矛盾更为突出。因此,要综合考虑天气、菇的生长、菇房内环境因素等状况,抓住有利时机,采取适当措施,力求在抓主要矛盾的同时将其他因素的负面影响降到最低程度。例如,通风时尽可能避开低温,以免温度的降幅过大;在空气湿度小时,给菇房加温最好同时采取加湿措施等。

(4)覆土时机要因地制宜 一般说来,在8月底播种,利用自然气候在10月份出菇时,按南方的常规做法在菌丝吃料至2/3时覆土是适宜的。但是,在9月中旬后播种的,即使有冬暖棚,由于气温下降迅速,覆土以提前到菌丝大约吃料1/2时效果较好。

(5)加温时应避免有害气体的影响 北方蘑菇栽培过程中的加温时间比南方长得多,用煤炉在菇房内加温所产生的二氧化硫、一氧化碳等有害气体对管理人员和菇的品质都有不良影响,应采取有效措施将废烟排出菇房。

54. 双孢蘑菇栽培中可能出现哪些异常现象？如何防止？

除了后面还将专门谈到的死菇现象外，双孢蘑菇栽培中还常发现多种异常现象，在管理上要采取相应措施，防止异常现象的发生。

（1）**播种后菌丝不萌发、不吃料** 播种后菌丝生长不良，菌种不萌发、不吃料，只在料面生长及出现萎缩现象。这是由于菇房内的温度、通风情况及湿度不当等原因造成的。若培养料表面偏干，可及时喷过磷酸钙或磷酸二氢钾水溶液；如料过湿，则要加强菇房通风；当菇房内气温较高时要采取降温措施，使其达到适宜的温度范围；当菇房内有氨臭味时，要及时加大通风量，在培养料面戳洞，排除氨气。

（2）**覆土后菌丝体徒长** 播种后营养生长过旺，绒毛状菌丝生长致密，覆土后常冒出土面，形成一种浓密的不透水、不透气的菌被层。主要是由于高温、高湿环境导致菌丝体徒长。防止菌丝结被的措施是当菌丝长出覆土层时，加强菇房内通风，降低菇房内温度和空气湿度，并及时喷结菇水，以利原基的形成。喷水不要太急，要在早晚凉爽时喷。一旦发现菌丝徒长，要及时用小刀或竹片挑掉菌被。

（3）**覆土层菌丝消退** 覆土后3～5天菌丝不上土，呈灰白色，细弱无力，严重者料面见不到菌丝，甚至料面发黑，这是菌丝萎缩所致。原因是覆土后喷水过多过急，造成缺氧而使菌丝窒息萎缩。应立即停止喷水，加强通风，降低培养料湿度，以利于菌丝恢复爬土。

（4）**薄皮菇** 子实体在生长过程中，因温度偏高，子实体生长速度快，加上出菇密度过大，营养供应不上，容易出现薄皮菇。为避免这种现象,应在喷水期间加强通风,适当增加培养料和土层的厚度,并勿使菇房内温度过高。

（5）**空心菇** 空心菇主要是由于出菇期间水分管理不当造成的。在出菇期间,菇房温度高,湿度过低,菇体水分蒸发快,迅速生长的子实体得不到水分补充,就会在菇柄产生白色疏松的髓部,甚至在菌柄中产生空心;有时也会因气温低,子实体生长缓慢,在床面因停留时间过长而形成空心菇。为防止出现空心菇,应在产菇盛期及时喷水,并适当进行间歇喷重水,以免土层过干,使快速生长的子实体得到充足水分,同时也要注意温度的调控。

（6）**硬开伞** 当气温变化幅度大,昼夜温差达10℃以上,加之菇房内空气湿度小和通风过多时,易使正在生长而未成熟的子实体开伞或出现龟裂。为防止幼菇提早裂开,当外界气温下降时,要保持菇房温、湿度稳定,并撬松土层、断裂土层老菌丝,促使萌发新菌丝,保持床面适当含水量。

（7）**锈斑菇** 子实体出土后,菌盖表面产生褐色铁锈斑。原因是喷水后未及时通风,造成空气湿度过大,菇表面水分蒸发慢,上面出现小水滴,时间一长,形成褐色铁锈斑点。应保持菇房空气清新,喷水后及时通风排湿。

（8）**地雷菇** 出菇初期,如子实体着生部位低,菇被迫破土而出,形成菇根长、菇形不圆整的地雷菇。产生地雷菇的原因,主要是培养料过湿,料内混有泥土,粗土调水后菇房通风过多,温度偏低,覆细土过迟,因而不利菌丝生长,造成过早结菇且结菇部位过低。为了防止出现地雷菇,一是培养料不能过湿或混进泥块;二是覆土调水时适当通风,调水后减少通风,保持85%左右空气相对湿度,促进菌丝向土面生长;三是在粗土层尚未形成小菌蕾时覆细土,创造菌丝继续向细土层生长的条件,防止过早结菇。

(9)畸形菇 出菇期间,当粗土过大,土质过硬时,从粗土层长出的第一批子实体,菌盖往往高低不平,形状不圆整,这主要是机械损伤所造成。菇房通风不足,室内二氧化碳浓度超过 0.3% 时,会出现柄长盖小的畸形菇。用煤炉直接在菇房加温,一氧化碳过量,会形成瘤状突起。

(10)红根 出菇期间高温阶段喷水过多,土层含水过大,追施葡萄糖过多,以及出菇后期气温低且土层水分过多都会产生红根。因此,出菇期间土层不能过湿,并要加强通风换气。

55. 蘑菇栽培中出现死菇现象有哪些原因?如何防止?

蘑菇栽培中小菇萎缩、变黄,最后死亡的现象较为普遍。应针对造成死菇的原因,及时采取应对措施。

(1)温度过高 菇棚突然升温或持续几天高温达 20℃ 以上,再加上通气不良等易造成死菇。出菇期应密切注意气温变化,根据气温调控棚温,严防棚内出现高温。

(2)通风不良 菇棚内通气不良,氧气不足,二氧化碳浓度过大(0.1% 以上),易闷死菇蕾,再遇高温,死菇更为严重。要结合天气情况,注意通风换气,每天 2~3 次,气温高时通风应在早晚或夜间进行。

(3)喷水不当 覆土层没有及时补水、喷出菇水或补水保湿喷水过量,另外,高温喷水过多,菇棚湿度达 95% 以上,通气不良等,均易使菇蕾死亡。喷水增湿要坚持轻喷勤喷。防止喷水过多,尤其严防渗入料内。注意棚温高于 20℃ 不可喷出菇水。喷水要结合调控温度,并进行通风换气。

(4)出菇过密 培养料过薄或偏干、覆土过薄、菌丝长出覆土后水分管理不到位等,均易造成出菇不正常、菌种生活力弱、出菇过密。

(5)**出菇部位过高** 覆土过少并遇到高温致使出菇过密,覆土过薄原基未发育成熟就长出土面,覆细土未及时喷出菇水致使菌丝向上冒出,结菇部位提高,也可造成部分死菇。覆土后应调控温度,保持土层适宜湿度。掌握粗土先湿后干、细土先干后湿原则,促进菌丝向覆土层生长,并使其由营养生长转向生殖生长,并尽可能使子实体在粗细土层之间形成,防止过低或过高。

(6)**营养不足** 单纯增加氮源或以草料代替粪料致使碳氮比失去平衡,造成营养不足而死菇;培养料用量减少,出菇后期营养不足而造成死菇;堆肥过熟或时间过长,温度70℃以上时,消耗养分致使营养不足,或堆肥时间不足,料温未到60℃,养料没有得到充分分解转化,均可造成营养不足而死菇。要严格按配方要求制备培养料,保持适宜碳氮比,按要求搞好堆制。

(7)**菌丝衰老** 母种转管繁殖代数过多,菌种制作温度过高,保存不当或保存时间过长,均可造成菌丝老化,出菇则易死亡。应选用优良菌种,创造适宜菌丝生长发育条件,严防高温培养和保存,并及时播种使用。

(8)**病虫危害** 病虫危害或用药不当均可造成死菇。防治病虫害要坚持防重于治、综合防治原则,力争早发现早除治。

(9)**机械损伤** 采菇时操作不慎,损伤周围幼菇,也是造成死菇的原因之一。

56.什么是高温蘑菇?栽培时应注意哪些关键问题?

1998年以来,在我国各地尤其是长江中下游及其以南地区推广应用的所谓高温蘑菇,与通常简称为蘑菇的双孢蘑菇并非是同一个种,而是对出自蘑菇属的另一个种——双环四孢蘑菇中的一些特别耐高温品系的通称。推广应用较普遍的菌株叫做新登 96。新登 96 耐高温、高湿,近年在全国 21 个省、市推广应用达 10 万平方米以上,普遍反映较好。其栽培中应注意如下关键环节:

(1)正确选择播种期 长江中下游地区的播种期应掌握在 6 月 5 日前后。北方适当推迟,南方适当提早。

(2)培养料营养要充足 新登 96 高温蘑菇新菌株是在高温、高湿、通气充足等条件下,迅速生长发育的品种,它需要供给充足的营养(尤其是氮素营养成分,堆肥碳氮比应比双孢蘑菇堆肥的碳氮比小一些,以 27～28∶1 为宜),足够的水分,大量的氧气,前、后发酵必须彻底,播种时培养料含水量必须适中(60%左右)。

(3)重视覆土管理 要求使用统一覆土,不分粗、细土。可采用普通菜园土,土粒如黄豆、绿豆大小,加入 2%～3%的稻壳混合均匀。覆土厚度为 3 厘米,分 2 次覆盖,第一次覆盖厚度为 2 厘米,覆土喷足水分保湿,将菌丝逐渐诱导到土层和土表后,加大菇房通风,促使菌丝在土层或土层上部扭结。2～3天后进行第二次覆土(半干、半湿),厚度为 1 厘米。黄豆大小的菇蕾普遍在土表和两次覆土之间大量形成后,在土面上多喷水至土层湿透为止。

(4)pH 值不能过高 土层和培养料 pH 值切忌过高,pH值应控制在 8.5 以内。同时覆土调水后注意菇房的通风换气,防止菌丝不扭结现象的发生。

(5)防治胡桃肉状杂菌 栽培新登 96 高温蘑菇,菇房内的高温、高湿环境条件也正适合胡桃肉状杂菌的发生和发展。

建议使用 1∶800 倍的多菌灵溶液堆料,同时准确掌握培养料后发酵的温度和时间。

（6）温湿度管理　发菌期菇房以密闭为主,温度控制在 27℃～32℃,相对湿度 85%～90%;出菇期可适当通风,相对湿度保持在 90% 以上。

57. 在常规管理的基础上,蘑菇栽培还可试用哪些增产措施?

在常规管理的基础上,各地还可因地制宜选择试用下述增产措施。

（1）堆肥增温剂的应用　具生物活性的蘑菇堆肥增温剂,可使堆肥的制作省工、省时、增效,用量是每 100 平方米堆肥加增温剂 1 千克。双氰铵可抑制微生物活动,减少培养料堆制时的氮肥损失,提高氮肥利用率,通常加入占堆肥中氮素含量 5% 的双氰铵可获得较好效果。

（2）立体床面栽培的应用　在建床时将普通平铺料面改成波形（波峰高 27 厘米,波谷深 13 厘米,波峰间距 66 米）、长垄形（底宽 25 厘米,顶高 10 厘米,高 20～23 厘米,长视情况而定,垄侧用河泥抹平）或立方块形（长、宽各 1～1.3 米,高 15 厘米,块边呈 70°角）等立体床面,可改善菇床小气候,增加出菇面积。

（3）加料栽培的应用　在蘑菇产量已收获达 80% 左右时,在原来的床面上再铺 1 层已长有大量菌丝的新材料,可增强后劲,增加总产。但这种措施的应用一定要因地制宜,加料后气温已低于出菇适温的地区或病虫危害已十分严重的菇房,均不宜采用。

（4）菇床追肥　根据培养料肥力及蘑菇长势,适时追施堆肥浸汁(1份搓碎堆肥加10份开水浸泡)、新鲜牛(马)尿液(1份煮沸尿液加7~8倍水稀释)、尿素(0.1%~0.2%)、硫酸铵(0.5%)和由生长调节剂、维生素、微量元素及磷、钾等组合的复合肥蘑菇健壮剂(1份蘑菇健壮剂+100升水稀释,每平方米菇床施稀释肥0.25千克)等,都有一定增产效果。

58. 草菇室内床架栽培有哪些主要步骤?

20世纪70年代以前,室外堆草栽培曾是草菇的主要栽培方法,这种栽培方法虽有设施简单、成本低的优点,但是由于受自然条件影响太大,产量低而不稳,70年代以后逐渐为各种室内栽培法所代替,其中尤以室内床架栽培发展迅速。室内床架栽培的主要步骤如下:

(1)**棚架搭建** 在栽培房内搭占地面积约20平方米的塑料拱棚,棚内设2排菇床,菇床长5米、宽1米,菇床层距50厘米,底层菇床温湿度偏低且易积累有害气体,距地面1米为好。同时注意所用塑料薄膜应完好无破损,保证二次发酵时的快速升温和管理时的保温保湿。棚内要有一定光线,光强以能看报为宜。

(2)**培养料制备** 稻草养分尤其是氮素营养不足,外层蜡质妨碍菌丝对纤维素的分解利用,质地粗硬,吸水性能差,料温也不易保持。因此,单用稻草栽培,产量较低。通常将棉籽壳与稻草混用,重量比2:1,另添加1%的石灰和石膏。棉籽壳和稻草应干燥、新鲜、无霉变、无虫害。前发酵开始时稻草与棉籽壳先用石灰水浸透预堆1天,前发酵全过程为6天,中间翻堆1次。前发酵后料含水量控制在60%~65%,pH值7.2左右。前发酵结束时培养料要迅速趁热进房,进料在太阳光强、气温高时进行,从料堆的横切面取料。这样做可减少热量损失,便于二次发酵时快速升温。发酵好的棉籽壳与稻草要混合均匀后上床,培养料进房后要迅速铺床,整平料面,用料 15 千克/平方米,料厚 15 厘米。料进房后,清扫过道,密闭塑料棚,通入蒸汽,使料温尽快升至 60℃～62℃,保持 8～10 小时,然后自然降温。二次发酵结束后,在塑料棚内四周及走道上喷洒敌敌畏杀虫。第二天室温降至 38℃时抢温播种。

(3)播种与发菌　草菇的栽培宜在南方夏季气温 30℃左右时进行,选用菌丝健壮洁白、无污染、菌龄 18～20 天的菌种进行穴播,播种要在料温高时进行,以便菌丝迅速恢复、定植、生长。播种时注意将料面压实整平,以防菌种干枯死亡。播种后在床面盖 1 层报纸,半密闭菇房 3 天,保持室温在 33℃、湿度在 85%。播种 2 天后,待菌丝萌发至料面时,应及时除去报纸,以免其与菌丝粘连,影响正常出菇。

(4)出菇管理　整个栽培期间,要做到保温保湿、高温高湿,务必使塑料棚内始终保持在 28℃～32℃,严防室温骤降。每天向地面浇水 1～2 次,借水分蒸发使室内湿度保持在 85%～90%,禁止直接向床面喷水,以免造成菇蕾死亡。当菇房顶部温度超过 40℃或天气阴闷时,要掀开薄膜适当通风。通风时要防止冷风直接吹到菇床上。

(5)采收　一般播种 3 天后菌丝长满床面,第五天菌丝扭结形成菌蕾,第七天即可采收。以子实体呈蛋形、菌膜将破未破伸腰时采收为宜,采摘时不要松动四周的小菇,丛生菇中的大菇要用利刀小心割下。

59. 怎样进行草菇袋栽?

草菇通常采用生料栽培。但是如果能熟练运用类似于平菇栽培的熟料袋栽,也能取得原料利用率提高、生产周期更

短、产量高而稳定的效果。草菇的熟料袋栽方法如下:

(1)**培养料配制** 选用稻草 60%,棉籽壳 25%,米糠 8.5%,玉米粉 2.5%,石膏 2.5%,过磷酸钙 1.5%;稻草 80%、米糠 14%、花生饼 2%、过磷酸钙 1.6%、石膏 2%、磷酸二氢钾 0.4% 等适宜配方。配方中的原料都应干燥无霉变,饼肥应粉碎后使用。稻草需放入 5% 的石灰水中浸泡 10～12 天,沥干后切成 20 厘米左右的草段。首先将已混匀的原料均匀撒在稻草上,翻拌数遍后,即可装袋。

(2)**装袋灭菌** 选用低压聚乙烯袋,规格为 50 厘米×24 厘米×0.0035 厘米,或 56 厘米×30 厘米×0.005 厘米。装料应尽量压实,以不撑破袋子为度。装好后两头用活结拴紧。成批筒料装完后,尽快置常压灭菌灶内灭菌,100℃维持 10 小时。

(3)**接种** 灭菌后的料袋,冷却至 40℃以下即可接种,接种时将料袋解开,进行开放式接种,把菌种均匀撒在料袋两头,每瓶菌种一般接 10～12 袋为宜。

(4)**发菌管理** 接好种的菌袋,实行纵横交错堆放,并应经常测试堆温,不得超过 40℃,谨防烧堆造成绝收。在正常情况下约 10 天即可发好菌。

(5)**出菇管理** 将发好菌的菌袋脱袋,垒成 4～5 层高的菌墙,盖上薄膜,每天通风数次,将空气相对湿度保持在 90% 左右,尽可能把温差缩小到 5℃以下。

(6)**采收** 及时采收是提高草菇产量的一项重要措施,草菇菌蕾为卵形,包被尚未突破之前采收最好。采收时,一手按住菇体生长部位的培养料,一手抓住菇体基部,轻轻地连大带小成簇扭下,切勿伤及未成熟的幼蕾。采收下来的草菇用小刀将基部腐草、杂物清除干净,再行分级或加工。

60. 如何进行草菇的地沟栽培？

草菇的地沟栽培适用于北方和气候干燥地区，具有气温稳定，保温能力强，可延长栽培时期（夏季可连种 3 茬）等优点。具体做法如下：

（1）**地沟建造** 选地势较高，不积水，水源方便的场地，挖深 1.5 米、宽 1.5 米、长度适宜的地下坑道，四壁修平拍实，沟面用竹片或铁丝做成拱形支架，用薄膜封顶。播种前在沟内灌足底水，稍干后在沟壁及沟底用浓石灰水涂刷消毒，并在沟底撒 1 层石灰。菇床设在沟的两侧，宽各 60～65 厘米，中间留 20～25 厘米人行道。也可在条件类似的场地挖宽 1.5 米，深度较浅（约 1 米）的长方形坑道，将坑道内取出的土堆在坑道四周筑墙，土墙一面留门，另三面开气窗，坑顶用竹木支架，上覆草帘即成半地下式荫棚。

（2）**栽培方法** 选用麦秸 40%，玉米芯 30%，棉籽壳 30%；麦秸 88%，棉籽壳 9%，麦麸 2%，过磷酸钙 1% 等适宜配方。将麦秸碾碎并用 3% 石灰水浸泡过夜后加适量水与其他原料混合堆制。当料温上升到 60℃，再维持 1 天后即可散堆铺料。培养料含水量约 70%，pH 值 8 左右。用层播法播种，接种量 15%。接种后床面用厚约 1 厘米的湿麦秸覆盖，压实，上面再加盖薄膜。料温超过 40℃ 时应及时揭膜通风，料面需经常保持湿润。出菇期管理与常规方法基本相同。

61. 怎样利用地热温室周年栽培草菇？

在北方地热资源丰富的地方，在温室内加设地下热水管，并将热水管引入菇床下土壤以提高室温和地温，根据需要控制热水流量，即可调节菇房温度，进行草菇的周年栽培。具体做法如下：

（1）**温室结构和供热系统**　温室取南北向，长 50 米，宽 6 米，面积为 300 平方米。中高 2.15 米，无后屋顶，南侧屋面拱架用 GPD0625 型双镀锌薄壁钢管装配式温室拱架，以聚乙烯薄膜为覆盖材料，夜间加盖草帘保温。室内畦床长 5 米、宽 80 厘米，埂高 30 厘米。做畦前浇少许水，做畦后充分灌水，以保持足够的培养料湿度和空气相对湿度。由地热深井提供热水，温室内除装有圆翼形散热器加热外，在菇床下 40 厘米处设塑料管通热水提高土壤温度。地热管间距为 80 厘米，通过控制热水流量来调节棚温与床温。

（2）**配料播种**　可用由麦秸、玉米芯、棉籽壳等混合配制的培养料，也可单用棉籽壳栽培。春、秋、夏利用自然气温发酵，冬季在温室内升温发酵。培养料发酵的温度控制、翻堆等环节与常规方法基本相同。装床时培养料含水量 65％，pH 值 8.5～9。采用条形堆料法播种，每条宽 16 厘米，全畦共 5 条。每平方米投料 10 千克，撒播，用种量 4％～6％，种面撒一层薄土。除在条形培养料空隙填加肥土外，畦床两侧各填 5～6 厘米厚肥土。肥土为透气性好的土壤加 30％经晒干打碎的厩肥，再用 pH 值为 9 的石灰水调至适当湿度（手捏成团，触之能散）制成。播种后于畦面架竹竿，上覆薄膜保温保湿。

（3）**栽培管理**　发菌期间床面温度保持 28℃～30℃，料温保持 30℃～35℃。每日通风换气 1～2 次，每次 30 分钟，4 天后可延长至 45～60 分钟。6～7 天后，视菌丝生长和料湿度情况，喷洒 pH 值 8～9 的石灰水调整培养料的湿度和酸碱度。再经 1～2 天原基即大量发生。此时除注意保温外，还要加强通风换气并增加光照，经 4～5 天即可采收。

62. 怎样进行草菇的反季节栽培?

将高温型的草菇移至气温很低的冬季进行栽培,必须根据变化了的情况采取一些新的栽培管理措施。

(1)培养料配方 反季节栽培产品的售价比夏季高得多,但在栽培时需增加升温等方面的成本投入。因此,反季节栽培不能沿用养分少、产量低的单一草料配方,而应选用营养丰富,生物学效率高的配方,以增大投入产出比,提高经济效益。上海、江苏以工业废棉为主料的配方是以废棉为基准,另加稻草 10%,麦麸 5%,石灰 8%;福建以棉籽壳为主料的配方是棉籽壳 68%,稻草 20%,尿素 1%,石灰 6%,碳酸钙 3%,草木灰 2%。

(2)建堆发酵 采用二次发酵法。先将培养料用石灰水调整至含水量达 70%～75%,pH 值 7～8,室外堆制 3 天,然后将料移至室内,用通入蒸汽、火道加温等方法升温至 60℃维持 2 天或料温 70℃维持 10 小时。

(3)播种后的管理 自然播种前检查培养料的含水量是否达到要求,若偏干可用 1% 石灰水喷料面,当料温降到 35℃时即可播种,用撒播的方法每 10 平方米用菌种量 4～5 瓶,播种后把菌种用木板拍压,以使菌种与培养料充分吻合,关闭菇房使室温达 30℃～35℃,1 天内菌丝就全面萌发,3 天内不开门窗维持高温、高湿。之后要每天通风换气约 20～30 分钟(最好在中午),4～5 天菌丝吃料 2/3 时,便可喷少量的水,促使菌丝往下吃料,6 天后菌丝长透培养料,应适当调足水分,增加光线,促使子实体形成,8 天左右菌丝开始扭结出现菇蕾,这时料面要适当偏干,以增加结菇并减少死菇。

(4)出菇期的管理 播种后 10 天左右可见小白点状的菌

蕾密集地出现于床面,逐渐长大,并呈鼠灰色,13～15 天第一潮菇就可采摘,第一潮菇占全部产量的 60%～70%。在菇蕾形成时,要加强通风排除废气和调节室温,室温保持 32℃～34℃,空气湿度保持在 85%～90%,减少喷水量,增加喷水次数,注意勿因喷水、通风而导致室温波动过大引起菇蕾萎缩。第一潮菇采收后,要将菇床上的菇蒂和死菇清除。在保持菇房温度基本稳定的前提下,喷水保湿,加强通风换气,促进子实体的分化发育。通常在 1 周内可采收第二潮菇,以收两潮菇为目标的一个生产周期长约 20 天。

63. 草菇栽培中可能出现哪些异常现象？如何防止？

(1)**菌丝徒长** 草菇菌丝生长阶段,在料面形成大量白色绒毛状气生菌丝,有的成为一层白色菌膜,使菌丝生长不能及时转入生殖生长,菇蕾出现推迟,成菇少,产量低。这种情况一般是因为料堆覆膜时间过长,覆盖过严,缺乏定期揭膜透气所致。接种后,覆膜时间一般应控制在 3～4 天之内,3～4 天后视菌丝生长情况,白天应定期揭膜或将薄膜用木棒支起,进行适度通风降温降湿,促使菌丝向料内延伸,增加料内菌丝生长量,防止料面气生菌丝过度生长。

(2)**菌种现蕾** 接种 2～3 天后,裸露料面的菌种上出现很多白色菇蕾,影响菌丝吃料和向料内生长。多见于接种后塑料地棚未及时覆盖草帘遮阳,棚内光线过强,菌丝受强光刺激使一部分菌丝扭结,过早形成菇蕾。用菌龄过老的菌种接种也容易在菌种上过早产生菇蕾。防止的办法是栽培时要选用适龄菌种接种,接种后菌种外覆盖一薄层培养料,不使菌种外露。发菌初期,棚上覆盖草帘遮阳,防止强光刺激形成菌蕾。

(3)**脐状菇** 草菇子实体形成过程中有时外包膜顶部生

长异常,出现整齐的圆形缺口,形似脐。这种脐状菇主要发生在通风不良、二氧化碳浓度过高的出菇场地,如为了保温保湿而覆盖严密的塑料大棚和通风条件差的菇房。防止办法是子实体形成期间,应定期进行通风,及时排除累积的二氧化碳,保持空气新鲜。

(4)**子实体长出白毛** 在已分化的草菇子实体周围表面长出一丛丛白色浓密的绒毛状的菌丝,影响子实体生长成熟,重者引起子实体萎缩死亡。主要原因是通气不好所致。多见于料面覆盖塑料薄膜没有定期揭开进行通气。这种现象一经出现,应立即揭去薄膜,加强通风换气,绒毛菌丝可自行消退,子实体仍能继续生长。

(5)**子实体生长过速** 在适宜的温度下,草菇子实体由扭结期到成熟期,一般需要经过 2~3 天,但遇到高温环境,则生长过速,往往十几个小时就开伞,菇形变小,菇肉薄,菇体轻。防止的办法:白天气温过高应适时将菇棚的塑料薄膜卷起,通风散热,必要时可在棚顶的草帘上喷凉水降低温度。

(6)**幼菇枯萎** 幼菇因条件不适宜停止生长发生枯萎死亡,主要原因有三:其一,气温骤降。多见于初夏和晚秋气温多变的季节,寒潮的侵袭使气温骤降至 20℃ 以下,使刚形成的幼菇生长突然停止,枯萎死亡。其二,床温下降。由于菇蕾形成过晚或生长第二潮菇时,培养料的营养已被消耗,床温在30℃ 以下时,不适合幼菇生长。其三,中断营养。如采菇时松动幼菇,引起菌丝断离,或害虫啃食损伤菇体组织,中断菇体营养来源。防止办法可归纳为三个方面:一是稳定出菇温度。当寒潮来临时,夜间应将菇棚盖严,棚外加盖草帘保温,晚间停止喷水,并采取加热增温措施。二是培养料配方要合理,营养要丰富、均衡,并有足够的热量,同时要适时播种,加强管理,保证菇体能在正常床温下生长发育。三是采菇要小心谨慎,不要伤及周围幼菇,并要加强害虫防治,防止其危害幼菇。

64. 在常规管理的基础上,草菇栽培还可试用哪些增产措施?

在常规管理的基础上,草菇栽培还可因地制宜选择试用下述增产措施:

(1)**改变菇床形状** 针对实际情况,将常规菇床的形状适当加以改造,可收到一定的增产效果。例如,实行薄料栽培,将料层厚度由通常的10～15厘米减为5厘米,可减轻中、下层养料未充分利用的弊病,减少单位面积投料量,提高投入产出比。又如将菇床的龟背形改成波浪形,出菇面积增大,便于调节料温,防止高温烧料,还改善了菇床通风状况,有利于子实体的分化发育。再如,在常规的宽1米的畦床中间筑一宽约10厘米的小埂,然后沿畦床长度方向每隔1米筑一宽约5厘米的横埂。这样整个畦床即被分成了若干面积约0.5平方米的分格,既增加了周边长度,又改善了通风透气和保湿条件。不仅床面出菇整齐,而且四周小埂出菇早而密,产量显著提高。

(2)**实行覆土栽培** 草菇虽不像蘑菇那样不覆土就不能出菇,但覆土可提高保湿和对温度变化的适应能力,促进菌丝生长,支撑子实体,减少幼菇枯萎,还可为菌丝生长和子实体发育提供部分养料。因此,在播种后或菌丝发菌完毕后在床面覆土,有一定增产作用。

(3)**以土代料** 将占总重量20%～40%的肥沃团粒结构好的土壤与其他原料混合堆积发酵后栽培草菇,不仅可节约原料用量,还可增强培养料的调温能力和保水能力,提高出菇密度,增加产量。

(4)覆盖草木灰 播种后 3～5 天,当料面长满菌丝时,在料面上撒一层厚约 1 厘米的草木灰,有利于保温和调整培养料的酸碱度,并有遮光保护菌丝和增加养分的作用,可提早出菇并使菇体肥大。

65. 平菇阳畦栽培有哪些主要步骤?

长期以来,阳畦栽培一直是平菇栽培的主要方法之一。栽培过程可归纳为五个步骤。

(1)选场做畦 选背风向阳、排灌方便、保水性好的空闲场地、耕地或林间隙地做菇场,郁闭度过大的针、阔叶林地,飞沙地或宅基地,均不宜种菇。畦床取南北向,宽 1.2～1.5 米,长度不超过 10 米,深度视雨水多少而定。畦床四周开排水沟,宽 20 厘米、深 30～35 厘米.

(2)培养料配制 单用棉籽壳或添加少量辅料即可。常用配方有 100%棉籽壳;棉籽壳 100%,另加占棉籽壳干重 2%的石膏,2%过磷磷钙;棉籽壳 64%,稻草、麦秸 34%,石灰或过磷酸钙 2%等。生料栽培平菇,原料一定要新鲜。若用陈旧棉籽壳,应将其与石灰、石膏、过磷酸钙等辅料加水拌匀,堆积发酵,在 60℃～70℃维持 2 天。其间若料温超过 80℃,应翻堆 1 次。

(3)上床播种 平菇的适应性较强,而且有较多的适于在不同温度出菇的品系,因此,气候条件不同的地区,播种、栽培季节相差较大。长江中下游地区大致可分为秋播(8 月下旬至 10 月上旬,最适播期为 9 月下旬至 10 月上旬)、冬播(10 月下旬至 11 月下旬)和春播(2 月中旬至 3 月中旬)等三个播期。无论何时播种,均应考虑使发菌完毕的菇床有尽可能长的出菇适温期。播种方法可视生产规模灵活掌握。生产规模较小的,可采用穴播法,穴距 10 厘米×10 厘米,穴深约 2 厘米。每穴放核桃大菌种 1 块,将料面拍平后,再在表面撒播一层菌种,每 100 千克干料用 750 克装菌种 10 瓶。其中穴播用种量约占 7/10。大规模生产可用层播与穴播相结合的方法。先在 2~3 厘米厚的底层培养料上均匀撒播一层菌种。接着将剩余的大部分培养料铺到菌床上,拍实、压平后,以 10 厘米×10 厘米穴距进行穴播。然后再铺一层厚 1~1.5 厘米的培养料,拍平后撒播一层菌种。底层层播、中层穴播及上层撒播的用种量分别为料重的 2/10,5/10 及 3/10。播种后,在料面盖一层报纸,纸上覆薄膜并严密封实。视需要在床面加盖草帘或架弓形塑料棚后再加盖草帘保温。

（4）**发菌管理**　接种后,除料温急剧上升达 34℃以上,应及时架起薄膜通风散热外,正常情况下不要掀动薄膜,也不要在菌床上浇水。接种 7 天后检查发菌情况,床面上的零星杂菌斑,可用 3％甲醛和 5％石炭酸涂擦或用生石灰覆盖。成片污染的菌床,可喷洒 0.2％多菌灵,然后切除杂菌菌块,换上新料或填入新土补平。在 20℃~25℃经 20 天左右,菌丝在料内长透,棉籽壳发白,培养料连接成块后,揭去床面上覆盖的报纸,每隔 1~2 天揭膜通风 1 次,并逐渐加大通风量。

（5）**出菇管理**　当床面出现黄色露珠和大量气生型绒毛状菌丝后,应用竹弓支起薄膜,调整草帘的覆盖度以增加光照强度和时间,并在沟内灌水增加菇床温度以促进菇蕾形成。现蕾面达 70％以上时,揭去薄膜。菇蕾直径达 1 厘米以上时,加大喷水量,增加通风量,促进幼菇生长,但需注意防止大风直吹床面和温度的剧烈变化。幼菇长大后,每天喷水 3~4 次,并增强通风。当菌盖已充分展开并开始反卷时,应及时采收。

66. 怎样进行平菇的塑料袋立体栽培？

袋式立体栽培具有温、湿度容易控制,菌丝生长快,能降低污染率,管理方便等优点。其具体做法如下:

(1)装袋接种 取宽25～35厘米、长40～50厘米的筒形塑料袋,在其一端放一个长6厘米、直径3厘米的稻草把或用报纸包裹干棉籽壳做成的同样大小的柱状通气塞,扎紧。先放一层厚0.5～1厘米的菌种,然后放入调好水分的棉籽壳(用其他适宜培养料也可),如此一层菌种一层料地充填,共2～3层。装满之后,在袋口再放1层菌种,套上透气塞,扎紧。每袋装干料1.5～2千克,用种量10%～15%。

(2)堆积发菌 发菌在室内或塑料大棚内进行。将菌袋平放在铺于地面的稻草上或预先支起的距地面10厘米的木板上。气温18℃～20℃,堆高70厘米左右;气温10℃,堆高可达1.2～1.5米,并加盖薄膜保温。菌袋也可在每层床架上放5～8层保温发菌。料温超过30℃时,要散堆或翻堆降温。在20℃～25℃条件下,经30天左右菌丝可长满全袋。

(3)出菇管理 接种后40天左右,袋内出现菇蕾,应及时解开袋口,拔去透气塞,将袋口翻卷,露出菌蕾。然后按菌蕾的分化、发育状况,分别堆放和管理。解口之后,每日喷水2～3次,使相对湿度达70%～80%,并逐渐增至90%,成熟后采收。培养料含水量若能保持在65%～70%之间,一般可保证出两潮菇。再要出菇需进行浸水处理。将已出菇的料面切去3厘米,在端面用竹签打3～4个小孔,在清水中或加0.1%尿素、0.3%蔗糖的溶液中浸泡12小时,取出后稍偏干养菌。待菌蕾出现后,按前述方法管理。

67. 怎样进行平菇的地沟栽培?

地沟作为栽培场所,具有冬暖夏凉、保温保湿性能好、能延长出菇期等特点,适于北方及高寒山区推广应用。其具体做法如下:

(1)**地沟建造** 选土层较厚、土质粘重、地下水位低、排水良好的地段开挖地沟,沟深 2 米、宽 1.7～2.5 米,沟间距至少2.5 米。沟面每隔 2～3 米装拱形钢筋拱架,拱架间沿纵向固定 5～7 根铁丝,上盖 0.06 毫米厚塑料薄膜(图 17)。沟底保持一定坡度,以利通风。两沟间地面种瓜菜,利用茎叶遮荫。地沟栽培平菇通常采用两场制,即在地面荫棚或室内发菌,地沟出菇。

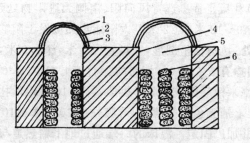

图 17 地沟栽培平菇示意图
1. 草帘 2. 薄膜 3. 拱棚架 4. 沟壁 5. 地沟 6. 菌袋

(2)**菌袋制作及培养** 主料用棉籽壳或碎玉米芯均可,均需添加 1% 过磷酸钙,1% 石膏及 0.5% 尿素。生料栽培可另加0.1% 多菌灵。采用 25～30 厘米×45～50 厘米聚乙烯塑料袋装料。接种量熟料栽培为 5%,生料栽培为 15%。接种后在20℃～26℃发菌,发菌期 20～25 天。

(3)**出菇管理** 将菌丝长满的菌袋移入地沟内,解开袋口堆垒。窄沟(1.7米)和宽沟(2.5米)分别堆2～3道菌墙。地沟内温度控制在18℃(高温型品种不超过23℃),光照度200勒左右(比通常适于阅读的照度更明亮),空气相对湿度85%,通风状况良好。通常发菌良好的菌袋经10天左右开始出菇,及时喷雾提高环境湿度。头潮菇采收后,停止喷水,将袋口封闭,让菌丝积蓄养分。接着进行下一潮的出菇管理。

68. 怎样利用太阳能温床栽培平菇?

太阳能温床是一种建有太阳能集热坑,并通过配套地下输热道为畦床提供热源的栽培设施。太阳能温床具有投资成本较低、生产可在严寒季节进行等优点。温床栽培的具体做法如下:

(1)温床建造 选背风向阳、南侧无遮阳物处建阳畦,东西向,长9～12米,宽2米。太阳能集热坑设于阳畦东侧或西侧2米处。坑口面呈圆形,上口直径3米,深1.3米,坑底呈锅底形,用掺有5%～10%烟黑的三七灰土夯实,厚6厘米。用直径6毫米钢筋做成半球形拱架,再用10号铅丝扎成环形骨架,拱架上铺无色透明薄膜,薄膜处用10厘米×10厘米尼龙网罩住并加以固定。温床的一端通过地下输热道与集热坑相连,另一侧安有内径12厘米×10厘米、高2米的排气窗。暖气流经地下迂回输热道为温床供热,最后经排气窗排出。温床的土墙高50厘米,用竹片做拱架,上罩双层蓝色透明薄膜。东西山墙各留40厘米×20厘米通气孔,定时开窗换气。薄膜拱顶的侧面开设小窗,便于喷水或观察温床生长情况。太阳能温床的结构如图18所示。

(2)栽培管理 用棉籽壳做培养料,栽培管理与常规方法基本相同。寒冷季节发菌时,在薄膜拱顶加盖草帘保温,由太

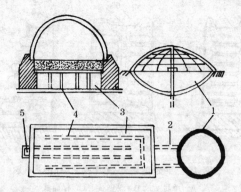

图 18 太阳能温床平面图

1. 太阳能集热坑 2. 主输热道 3. 阳畦 4. 迂回输热道 5. 抽气窗

阳能集热坑供热。1月份室外气温低至 -10℃左右时,温床空间温度和料温仍可达 15℃以上,可满足菌丝生长要求。20 天左右菌丝在料内长满时,揭开薄膜,去掉草帘,增光透气刺激菇蕾分化。播种后一个半月开始出菇,整个生产周期约 2 个月。

69. 平菇菌墙式栽培有哪几种筑墙方式? 栽培时应注意哪些问题?

将发菌结束的菌袋脱袋后堆垒成墙,在菌袋间填充营养土,在墙面抹泥浆构成保暖性屏障的栽培方式称为菌墙栽培。因墙面挂有泥浆,也称泥墙栽培。常见的菌墙分为单排式、双排式和梯面式等三种(图 19)。

菌墙栽培占地少,易管理,产量高,质量好,但在推广应用过程中应注意以下四个方面的问题。

(1)要重视填土材料的消毒处理 用土壤做菌袋的覆盖或填充材料,具有多种有益作用,但土壤尤其是不洁净的土壤

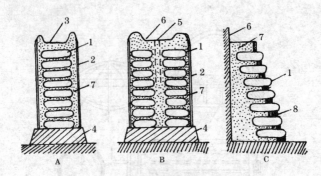

图 19　平菇菌墙式栽培示意图（剖面）

A. 单排式　B. 双排式　C. 梯面式

1. 菌块　**2.** 泥墙　**3.** 蓄水槽　**4.** 土埂　**5.** 注水孔
6. 土墙　**7.** 营养土　**8.** 封口泥埂

也是众多病菌的藏身之地，所以一定要在清洁的地方取土，并在使用之前做好消毒处理。填土料应预备两种：一种是供封边用，要选粘性较大的土，以防菌墙漏水；另一种是内部填充用的营养土，要选较肥沃的菜园土。无论哪一种土，都要在地表面 10 厘米以下处挖取，并在阳光下晒 3～4 天，然后加入 1% 石灰、0.1% 多菌灵拌匀消毒，营养土另加 0.5% 磷肥、0.3% 尿素。

（2）菌袋不可过长　菌墙式栽培是一头出菇，菌袋应比两头出菇的袋式栽培短。有些菇农把菌袋截到 50～60 厘米，形成的菌柱长达 40～50 厘米。这样做不仅发菌期长，生物转化率也不高。菌墙式栽培，菌袋长度宜小于 45 厘米，菌柱长以 25 厘米为好。

（3）垒菌墙不能过早　菌丝长满袋后，还要经过一个阶段的发育，达到生理成熟后才能出菇。袋两端吐黄水则是生理成熟的标志。垒菌墙应在吐黄水之后进行。同时，要把生理成熟度一样的叠在一起，这样出菇整齐，便于管理。

（4）**菌墙内补水要适量** 有些菇农照搬水槽内不能断水的介绍，天天往槽内浇大水，结果填充土呈稠泥状，子实体很少，生长很慢，菌柄粗菌盖小，手轻捏菌柄即会滴水。还有的菇农不注意补水，子实体薄、干、轻，产量不高。以上两种做法都是不恰当的。补水应根据平菇的生理需要及土、料的干湿情况，适时适量。平菇在发菌期培养料含水量需 60%～65%。出菇期要求 65%～70%，略高于发菌期。因此，前期应少补水，后期随着子实体长大补水量可适当增加。

70. 平菇栽培中可能出现哪些异常现象？如何防止？

（1）**烧菌** 烧菌是发菌期气温、料温过高，造成菌丝死亡的现象。温度超过 32℃，菌丝生长受到抑制，直至死亡。当料温达到 40℃时，2 小时内菌丝几乎全部死亡。所以料温过高是烧菌的直接原因。防止方法：选择适宜的播种期，畦栽宜在晚秋或早春进行，袋栽要根据温度决定堆放方式，勤观察堆中间的温度，加强管理，防止料温上升到烧菌的温度。

（2）**厚菌膜** 形成厚菌膜的原因有四：一是袋栽平菇时袋料发菌不充分便进行覆上，致使菌丝在地表第二次营养生长而形成菌膜；二是栽培料的配方不合理，含氮量过多，碳氮比失调；三是所覆盖的土壤氮元素含量过高，或另外又添加了尿素；四是覆土土质粘重、板结；五是出菇期温度过高，温差小，或菇棚通风不良，光线过暗，浇水过勤，湿度过大。

防止形成厚菌膜的方法有四：一是栽培袋菌丝要充分发透，开始转入生殖生长时再进行覆土出菇。其标准是手感菌袋轻、飘，外观菌袋起皱，间有黄褐色积水，或看到有小菇蕾发生。二是选用合理的栽培料配方，并严格按照标准控制基质的碳氮比例。栽培料配方宜根据栽培的品种灵活掌握。三是选用老熟菜园土覆盖,以轻壤土为宜,可向土中加一些草木灰和复合微肥,一般不宜加入尿素。四是覆土后喷水要少、匀,以底部土壤湿润为宜,并加强菇棚的管理,合理通风,适当光照。高温季节晚间扩大通风,以拉大昼夜温差,及早形成菇蕾。

(3) **菇蕾枯萎** 症状是形成的菇蕾极密,相当多的菇蕾死亡或呈萎蔫状,严重时整批菇失收。防止的办法:一是播种时,用适龄的栽培种,采用点播或点播与层播相结合的方式,使整个培养基的菌种均匀一致。二是菇蕾形成时,抬高薄膜,加强通风换气,调节空气的干湿来控制菇蕾形成。三是菇蕾期,要控制用水量,以调节空气湿度为主,不能直接向菇床上喷水。

(4) **不出菇** 菌丝长满后久久不能出菇的原因有四:一是表层用种量太大,菌丝老化形成过厚的菌膜;二是出菇时温度持续过高或过低;三是营养生长过旺,菌丝徒长;四是菌株温型与当时的环境温度不符等。防止方法:一是选择广温型菌株,用种量要适当;二是采用各种刺激出菇的方法,促使子实体原基早日出现。

71. 平菇栽培中形成各种畸形菇的原因是什么?

在平菇栽培中,常常形成各种各样的畸形菇,它们的表现和发生的原因是:

(1) **不形成菌盖** 常见的有两种形状。一为花菜形,现原基后,呈桑葚状不断增长,小柄不断分杈,顶端只形成很长菌盖,原基团却不断长大形成球形或半球状小菌盖,直径可达20厘米以上。二为珊瑚状,现原基后长出长长而粗的菌柄,但柄长到一定程度仍不形成正常的菌盖,而在顶端分枝处长出许多小菌柄,并可继续分杈,形似珊瑚。

发生的原因主要是二氧化碳过多,其次是培养室空气湿度过大,或光线过弱,甚至无散射光。

（2）高脚菇 表现为菇柄细长,盖较小,且颜色苍白,整个子实体的形状似高脚酒杯。发生的原因是光照过弱,氧气不足和出菇期间气温偏高。

（3）光杆菇 表现为子实体只有柄而没有盖,而且柄细长,柄顶端只有小的开口,颜色较深。发生的原因是出菇期间低温受冻害,平菇分化菌盖和产生孢子要求较高的温度,当平菇柄在较低气温下伸长到一定高度时气温仍继续下降甚至到0℃左右,因而只长菌柄,而不能分化菌盖。

（4）菇体变色 表现为在子实体原基或幼菇或已开伞的菇盖上,出现黄褐色似阳光灼烧的焦斑,变色部位生长受抑制。菇盖边缘产生褐灰色晕圈,严重时,整个菇体呈褐灰色。发生的原因是使用质量差的新塑料薄膜覆盖,当薄膜上的水滴落到菇蕾上,则易引起局部中毒而变色。

（5）幼菇萎缩干瘪 表现为幼菇生长瘦弱,颜色黄白或淡黄褐色,从顶向下萎缩,菇盖及菇柄皱缩干瘪状枯死。这是由于生理性缺水和空气湿度过低,或培养料含水量不足而引起。

（6）酒杯菇 表现是幼菇形成不久,菇盖边沿即向上翻卷呈酒杯状。发生的原因是在出菇期间,菇房内用敌敌畏等化学农药熏蒸杀虫,使平菇中毒所致。

72. 在常规管理的基础上,平菇栽培还可试用哪些增产措施?

在常规管理的基础上,平菇栽培还可选择试用下述增产措施。

（1）采用混合培养料 采用混合培养料,不但能发挥营养互补作用,还能改善培养料的物理性状,如将木屑、废棉等可湿性较好、通气性较差的原料,与稻草、麦秸等通气性较好、保湿性较差的原料混合,效果均优于单一培养料。混合比例可取 7∶3,6∶4 或 5∶5。

（2）**培养料加土**　在培养料中加 10％泥土,可改善培养料的通气性和保湿性。取菜园土或水稻田表土,彻底晒干或用杀菌剂、杀虫剂处理,过筛后使用。

（3）**覆土栽培**　实践充分证明,在平菇栽培中采用覆土技术,也有显著增产作用。覆土材料包括菜园土、稻田土、塘泥土等。覆土既可在室内外床架式、畦床上栽培中应用,也可在袋栽中应用。

（4）**覆盖草木灰**　早春畦床播种平菇,气温低,菌丝生长缓慢。在床面撒层草木灰,能显著提高床温。草木灰的施用还可提高培养料的 pH 值,有利于抑制杂菌的孳生。

（5）**追肥**　在子实体形成前施用蔗糖、无机盐营养液（蔗糖 1％,碳酸钙 1％,磷酸二氢钾 0.1％,硫酸镁 0.05％）,在出菇期施用蘑菇健壮素（用法见说明书）、淘米水营养液（50 千克淘米水中溶入尿素 250 克、蔗糖 500 克、磷酸二氢钾 200 克）和含生长调节剂的混合营养液（尿素 0.2％,蔗糖 1.5％,恩肥 0.03％,磷酸二氢钾 0.1％,硫酸镁 0.05％,三十烷醇 1 毫克/升,赤霉素 5 毫克/升）等,都有可能收到一定的增产效果。为了提高追肥施用的效果,在大规模使用前,最好对追肥的种类、浓度、时间、次数等进行对比试验和分析。

73. 金针菇瓶栽有哪些主要步骤?

金针菇瓶栽起源于日本,在我国也曾大规模推广应用,其栽培可分为七个步骤。

（1）**培养料配制**　杂木屑、棉籽壳、甘蔗渣、玉米芯等均可用于金针菇栽培。配方Ⅰ:78％木屑,20％米糠,1％石膏,1％蔗糖;配方Ⅱ:44％木屑,44％棉籽壳,10％米糠,1％石膏,1％蔗糖;配方Ⅲ:88％棉籽壳,10％米糠,1％碳酸钙,1％蔗糖;配方Ⅳ:75％甘蔗渣,20％米糠,3％玉米粉,1％碳酸钙,1％蔗糖等配方均可采用。其中,木屑以堆放半年以上,以自然发酵的陈旧杂木屑为好,其余的则以用新鲜原料为佳。培养料含水量为60％～70％。

（2）**装瓶、灭菌、接种** 菌种瓶、罐头瓶、化工瓶等都可用于瓶栽,以口径5厘米左右的无色透明化工瓶最为理想。将充分混匀、水分适量的培养料装至瓶肩以下,压平,在中央打接种孔。瓶口用双层牛皮纸外加一层薄膜封盖扎紧。用高压或常压蒸汽灭菌,冷却后接种。每瓶接入蚕豆大菌种1块。

（3）**发菌** 将菌种瓶置于18℃～20℃、相对湿度60％～65％的暗室内培养。培养2～3天后,菌丝开始恢复生长,8～10天可长到瓶肩以下,20～25天即可长满全瓶。

（4）**搔菌、催蕾** 菌丝长至近满瓶时,用铁丝制成的扁平小铲进行搔菌,即去掉老菌种块,松动表面已开始老化的菌丝,最后将表面松动的培养料压平。用喷湿的报纸代替瓶盖覆盖瓶口。在温度10℃～12℃、相对湿度80％～85％的条件下培养10～14天,表面菌丝变褐,出现褐色水珠后,原基即大量形成。

（5）**驯化培养** 原基形成后控制相对湿度在80％～85％,降温至3℃～5℃,经驯化培养5～7天,即可转入出菇管理。

（6）**出菇管理** 当菌柄达2～3厘米,并开始长出瓶口时,及时将菌种瓶移至出菇室在5℃～8℃低温下培养,相对湿度控制在75％～80％。待菌柄长出瓶口2～3厘米时,瓶口套纸

（或塑料）筒。套筒上大下小，开角15°，下部预留若干小孔通气（图20）。出菇期间经常保持菇房湿润，在套筒上可喷少量清水，切勿向瓶内喷水。

（7）采收及再生菇管理　菌柄长到13～14厘米高时，去掉套筒，将整丛菇切下。若10天后仍无菇蕾发生，可在培养基表面喷少量清水，一旦有菇蕾发生，依前述方法进行出菇管理并及时采收。瓶栽金针菇通常可收两潮菇。

图20　套　筒

74. 怎样进行金针菇的大田荫棚袋栽？

大田荫棚不仅造价比房式菇房便宜，而且小气候环境好，有利于提高产量和质量。大田荫棚袋栽的技术要点如下：

（1）选场搭棚　选地势高、排水方便、背风向阳、土质疏松、肥力中等的冬闲田，整地做畦，畦宽1～1.2米，深25～30厘米，长度依地势而定。四周开挖排水沟，沟宽50厘米，深30～35厘米。畦床上建荫棚，棚高1.8～2米，四周用草帘围护，棚顶用枝条遮荫，透光率约20%。

（2）制袋发菌　选用与前述瓶栽法相类似的配方均可。用聚丙烯或低压聚乙烯筒膜做袋，17厘米×35厘米，或17厘米×55厘米均可。按常规方法拌料、装袋、灭菌、接种。接种后置相对湿度70%以下，气温20℃～25℃室内进行遮光培养。随着菌丝生长的加快，应松动袋口（短袋）或揭开胶布（长袋）通气，并逐渐增大通气量。经25～30天培养，当菌丝长满全袋后,即可下田排场。

（3）**下田排场**　菌袋下田前,先用浓石灰水涂抹畦床底部及四周进行消毒,然后灌水,待水下渗后,在床面铺一层湿润的、事先用甲醛喷雾消毒的菜园土,厚约 2 厘米。排场时,长袋应从中切断,将袋顶和袋底封口解开竖放,使菌筒底部与菜园土接触。在距菌袋断面 15～20 厘米处用细尼龙绳结网,上铺湿报纸,再在其上搭盖拱棚,棚上加盖黑色薄膜和草帘保温保湿。短袋则将底部薄膜剪掉,竖立于畦床,将袋口薄膜拉直,上盖报纸,再设拱棚。

（4）**出菇管理**　棚内温度保持在 10℃～15℃,相对湿度85％左右。每日揭膜通风 1～2 次,每次 20 分钟。当菇蕾形成后,调整草帘覆盖程度和时间,使棚温降至 6℃～8℃。3～5 天后,将棚温升至 10℃左右,将薄膜稍稍支起,减少覆盖物,增加微弱散射光刺激,补充新鲜空气,并适当增加湿度。经过 10多天培养,当菌柄长至 13～15 厘米时,及时采收。采后及时清理料面,并将菌袋调头,浇重水和施恩肥各 1 次,再按前述方法管理。全周期可收 3～4 潮菇。

75. 金针菇墙式栽培有哪几种形式？出菇期应如何管理？

像平菇一样,金针菇也可以用墙式栽培。常见的金针菇菌墙有两种形式。一是单行单墙式,菌袋单行纵向堆放,在袋口形成出菇墙面,相邻两行的出菇墙面相互对应。二是单行双墙式,菌袋单行纵向堆放,两端出菇,形成两个出菇墙面。两种菌墙的堆放方法如图 21 所示。

单行单墙式和单行双墙式在出菇管理的若干技术细节上虽有所不同,但根据商品化金针菇的市场要求及相应的形态发生控制机制,出菇期管理都可分为催蕾、抑制和商品菇培养

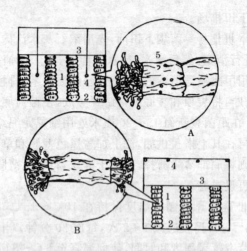

图 21　金针菇墙式栽培示意图

A 单行单墙式　B 单行双墙式

1. 菌墙　2. 人行道　3. 固定横木　4. 光源　5. 通气孔

等三个时期。各个时期的主要技术要点是：

（1）催蕾　用降温、增湿、光诱导催蕾。温度控制在 10℃～15℃，以 13℃为最适。每日向地面和空气中喷雾 2～3 次，相对湿度控制在 80%～85%。给予适当光照诱导菇蕾发生。每日定时通风换气。

（2）抑制　用降温、降湿和适度增加通风减缓子实体生长，增强同步性。温度降至 3℃～4℃，减少喷水，湿度控制在 75%～80%。每日短时（10～15 分钟）通风 3～5 次。

（3）商品菇培养　用增温、增湿、增强光照（顶光）、适当提高二氧化碳浓度等手段，迫使子实体畸形发育，形成柄长、盖小、质嫩、色淡的商品菇。温度控制在 6℃～8℃，相对湿度控制在 80%～85%，每日进行 1 小时顶光照射，并用调节袋口的曲直控制二氧化碳浓度。约 15 天后，当菌盖直径约 1 厘米，柄长 8～15 厘米时,即可采收。

76. 怎样进行简易的金针菇工厂化栽培?

在日本的菇类栽培中,金针菇是生产机械化、自动化水平最高的一种食用菌。我国要在金针菇生产中普遍推广应用高度工厂化、自动化的生产工艺与设施,尚需一个较长期的发展过程。为此,在条件具备的地方,可考虑将较简易的工厂化栽培作为一种过渡措施。金针菇简易的工厂化栽培的具体做法如下。

(1)**培养基的配制** 杉木锯木屑必须堆积 2～3 年,阔叶树锯木屑堆积 1 年左右即可。采用木屑 67%,米糠 30%,玉米粉 3%;棉子壳 75%,麦麸 20%,玉米粉 5%;玉米芯 70%,米糠 30% 等配方均可。瓶栽培养基含水量 65%,袋栽培养基含水量 70%。

(2)**装料** 瓶栽用 800 毫升聚丙烯塑料瓶,瓶口直径 7 厘米,每瓶装料 460 克左右,以搔菌去掉 0.5 厘米老菌块后培养料到瓶颈与瓶肩交界处为宜。装料后,从瓶口至瓶底打 1 个孔,加瓶盖即可灭菌。袋栽采用 17 厘米×35 厘米聚丙烯袋,每袋装干料 300～350 克;15 厘米×33 厘米的聚丙烯塑料袋装干料 250～300 克。装完后在袋中央打孔至袋底 1 厘米处。袋口用塑料套环加微孔纤维盖封口。

(3)**灭菌、接种、培养** 培养基装瓶、袋后,用高压灭菌 120℃维持 150～180 分钟,或常压灭菌 100℃维持 12 小时,灭菌后将培养基移到严格消毒过的接种室,降温至 20℃时开始接种。菌种均匀接到孔的底部、中间及料面。接种后的瓶或袋移入培养室培养,室温控制在 18℃～20℃,湿度控制在 60%～65%,一般 18～20 天菌丝长满袋。

（4）催蕾　菌丝长好后立即进行搔菌,把袋面或瓶口部位的老菌块扒掉,挖掉 0.3 厘米老料,然后将料面压平。搔菌后移入催蕾室,温度控制在 $13℃\sim14℃$,湿度控制在 $85\%\sim90\%$,室内要求黑暗,打开增湿器后启动电风扇,每天 2 次,每次 30 分钟左右。8 天内完成催蕾。

（5）抑制　催蕾完成后,送抑制室进行抑制培养。抑制室温度控制在 $3℃\sim5℃$,湿度控制在 $80\%\sim85\%$。打开移动式电风扇通风,每 3 小时开机 15 分钟。$5\sim7$ 天可看到明显的菌柄、菌盖。

（6）套筒出菇　整个瓶口或袋口布满整齐菇蕾时(约 2 厘米高)套上塑料筒,袋栽的可拉直塑料袋,温度控制在 $6℃\sim8℃$,湿度控制在 $78\%\sim80\%$。根据子实体生长情况打开移动式电风扇适当通风,使菌柄质地坚实,菌盖和菌柄色白且干燥。但吹风时间不宜太久,以防氧气太足,而造成菌盖变大,湿度也不宜太高或变化太大,否则子实体会变软,质量变差。

为了能对温度、湿度、通气等环境条件实行有效控制,发菌室、出菇室等墙壁四周均需装上约 $10\sim15$ 厘米的泡沫塑料。关键的设备为大功率的空调,发菌室每 100 平方米安装 3 730 瓦(5 匹)空调机 1 台,出菇室每 120 平方米安装 5 222 瓦(7 匹)空调机 1 台。此外还需安装在滑轮上的移动式电风扇以及加湿器等。

77. 金针菇生料栽培应注意哪些技术要点?

生料栽培金针菇,具有不需特殊设施,操作简便易行,成本低廉等优点,有一定推广价值。像其他菇类一样,金针菇生料栽培的难点也在于防止杂菌污染,根据各地的实践经验,生料栽培的技术要点如下:

（1）栽培季节　利用低温条件过好发菌关是生料栽培取得成功的关键。应根据当地气候条件妥善安排,使菌丝体培养温度处在12℃～15℃范围内,尤其是发菌前期尽可能不要超过18℃。长江中下游地区可于当年11月中旬至翌年2月下旬播种。3月份以后播种,由于发菌完毕后的气温已不适合出菇,故不宜采用。北方地区可根据上述考虑对播种期作适当调整。

（2）培养料配方　南方可以以棉籽壳为主,北方可以以玉米芯为主。均可配以少量玉米粉(3%～5%)、蔗糖(1%)等辅料,以促进菌丝生长,但辅料成分不可过多,过多易遭致杂菌污染。

（3）栽培方式　生料栽培无需灭菌所需的瓶、袋等容器,采用床栽或箱栽均可。

（4）播种方式　分层播种,表面穴播或二者结合均可,可视播种时气温灵活掌握。气温低于15℃,单用表面穴播菌丝长透料层所需时间过长,以用层播或两种方法相结合为好。

（5）发菌管理　将垫在床底或箱底的塑料薄膜两边提起覆盖料面保温保湿发菌。气温尽可能控制在15℃以下,相对湿度在70%,分别经40～50天(床栽)和30～40天(箱栽)菌丝可长满料层。此时可将空气相对湿度提高到85%,每天揭膜通风10～20分钟。

（6）出菇管理　料面出现棕色液滴后,将床面上覆盖的薄膜撑高20～30厘米。箱栽则将薄膜掀开,在箱面上覆盖报纸喷水保湿。室温控制在10℃～20℃,相对湿度控制在80%～85%。菇房定时通风换气,菇床每天揭膜通风1～2次。7天左右出现大量菇蕾后,随着菇蕾长大,逐渐将薄膜或报纸抬高。薄膜内空间的相对湿度应达90%,增大通风量,给予弱光照,室温降至 5℃～8℃。当菇柄长至 15 厘米时,即可采收。

78. 在常规管理的基础上,金针菇栽培还可试用哪些增产措施?

(1)平面多穴集控栽培 用 15 厘米×50 厘米塑料袋装料,两端封闭。在同一平面以 10 厘米孔距打孔 5 个,孔径 1.3 厘米,用 2 厘米×2 厘米胶布封口。按常规灭菌接种,在室内上堆发菌。7～10 天后第一次翻堆,揭开胶布留火柴梗大小通气孔通气。5～7 天后,孔穴间菌丝相连接,进行第二次翻堆。在第三次翻堆时,挑选出菌丝已长满的菌袋,揭去胶布,扩大孔口,分批移至出菇场催蕾。出菇可分别在室内层架或室外畦床上进行。当穴口有大量菇蕾出现时,将穴口直径扩大至约 5 厘米,使穴口向上,放在床架或畦床上,用地膜覆盖,保温保湿,出菇时将地膜改为拱形覆盖。

(2)免喷栽培法 又称干室栽培法。特点是在栽培全过程中不喷水,前期借助分段提升袋口控制菌柄生长,后期用湿纱布遮袋口保湿。当料面出现气生菌丝时,将袋口反卷,露出料面,以后将袋口分三等分拉伸:第一次拉伸在气生菌丝开始干缩,出现微小粒状菇蕾时进行,其后再随菌柄伸长,分两次拉伸。当子实体接近袋口时,用湿纱布覆盖袋口保湿,每天换 1～2 次。在高温高湿条件下病害、杂菌严重时采用此法,有利于提高产量和品质。

(3)拌土栽培法 当以稻草为主料时,可用 40%稻草配等量菜园土,再加其他辅料,即 18%麦麸,1%石膏粉,0.5%蔗糖和 0.5%磷酸氢二钾。将稻草切碎(2～3 厘米),用 0.5%石灰水预湿后拌料,调节含水量至 60%,按常规袋栽。拌土不仅降低了成本,而且可改善培养料结构,促进菌丝生长。

（4）覆土栽培法　将采完第二潮菇的菌袋去掉,使原袋口一端向下,排放在已消毒畦床上,用菜园土充填菌筒间空隙并在表面覆土1～1.5厘米,再覆盖薄膜保温。现蕾后架拱棚管理,有显著增产效果。

79. 猴头菌瓶栽有哪些主要步骤?

猴头菌瓶栽有如下五个主要步骤:

（1）培养料制作　配方可采用78%木屑,20%米糠,1%蔗糖,1%石膏;80%棉籽壳,8%稻壳,10%麦麸,1%石膏,1%碳酸钙;78%甘蔗渣,20%米糠,1%蔗糖,1%石膏;80%金刚刺渣,10%米糠,8%麦麸,2%石膏等。加适量水拌匀,用口径3厘米、容量为750毫升菌种瓶或口径5厘米、容积750～1000毫升化工瓶装料至距瓶口2～2.5厘米处,压平,中部打接种孔,用双层牛皮纸封口,按常规方法灭菌。

（2）接种培养　在无菌操作下每瓶接入蚕豆大菌种1块。接种后菌瓶竖立架上,培养3～5天待菌丝定植后,再卧放继续培养,在22℃～25℃、相对湿度65%～70%下培养,约30天菌丝可长满全瓶。

（3）出菇管理　当瓶内菌丝长至1/3处时,开始有白色米粒大小的菇蕾出现。继续培养,当菇蕾长至蚕豆大小时,将瓶子竖放,除去封口材料,瓶口盖报纸喷水保湿,室温控制在18℃～22℃,相对湿度增至80%左右。菇房每天通风1～2次,每次半小时。当幼菇高出瓶口1～2厘米时,湿度可增至85%～90%。随着菇体长大,进一步增大通风量,每日可通风2～3次,每次1小时,但要防止菇体直接受室外强风的吹袭。

（4）采收及再生菇培养　当肉质团块表面出现菌刺,长度不超过0.5厘米,开始弹射孢子,即可采收。采收时,用弯刀自瓶口下 1 厘米处将子实体切下,留下菌柄,以利再生。也可不留菌柄将子实体整个采下,然后将料面整平。采收后菇房空间停止喷水 2～3 天。在瓶口盖上报纸,每天在纸上喷水保湿,相对湿度约 80%,以利菌丝恢复。约经 10 天,第二潮菇原基出现,继续按上述方法管理。

80. 猴头菌棚架袋栽有哪些技术要点?

猴头菌棚架袋栽的主要技术要点如下:

(1) 装袋接种　选适宜配方配制培养料。装料用 12 厘米×45 厘米或 15 厘米×60 厘米塑料袋均可,但春栽出菇期短,以用前一种为宜。装袋后,在同一平面打接种穴 4 个,用胶布封口,常压灭菌接种。

(2) 发菌管理　接种后在室内上堆发菌。堆温控制在 15℃～28℃,除堆温超过 30℃需翻堆降温外,一般不要翻动,以减少杂菌污染。发菌前期室内保持黑暗,后期可适当增加光照。随菌袋大小及气温的不同,发菌期约 18～30 天。

(3) 菌筒排架　当菌丝长至料袋 1/3 以上,大多数接种口周围的菌丝已发白增厚,室外气温稳定在 12℃～25℃时,即可将菌袋移至与香菇菇棚相似,棚顶透光度达三阳七阴的菇棚,排放在棚中搭建的床架上。上架前,揭去接种穴口胶布,然后排放在固定于床架的铁丝上,每两根铁丝放一行,每层可放二行。铁丝应靠在两个接种穴之间,接种穴应向地面排放。

(4) 出菇管理　排筒后将预先挖好的蓄水沟灌满,每天在上层菌筒处淋水,7～10 天便可出现原基。当菇蕾长至拇指大小时,改淋水为逐层向菌筒喷雾状水,晴天每日 2～3 次,阴天每日 1～2 次。若遇 25℃以上高温,则应增加喷水次数,甚至可向棚顶淋水降温。出菇期应避免干风直吹菇体。另外,在菇架两侧勿用薄膜覆盖。

81. 如何进行猴头菌的仿野生栽培？

(1)菌袋的制作、培养 猴头菌仿野生栽培的培养料以硬质杂木屑为主。平均气温在15℃以上或控温17℃～20℃时，可用78%木屑、20%麦麸、1%石膏和1%蔗糖的常规配方，随着气温升高，木屑含量可增加5%～10%，麦麸含量相应减少5%～10%。装料、灭菌、接种、培养等步骤与常规方法基本相同。

(2)野外出菇管理 秋季当气温降至20℃以下时，将培养好的菌袋移入菇场堆垒，高度60～100厘米，下层要架空10厘米，行距70厘米。上用遮阳网遮盖，并配以适当遮雨设施。春季当气温回升到15℃以上时，即可有控制地出菇。头潮菇任其自然从袋口出菇，二潮菇可将袋口扎口以外部分剪去或袋口划"丁"字形口或直口。三潮菇当气温在15℃以下时，向袋内注水，注水量以菌筒达二潮菇时的重量为宜。仿野生栽培温度靠自然调节，通风良好，遮阳网的设置又免除了阳光的直射，除菌袋本身含水量适宜外，关键是控制好菇棚内的空气湿度。菇发生期相对湿度应达90%以上，成形期控制在83%～90%，菌刺长至0.5厘米时，再下降至75%～83%。但控温增湿只能将水放至地面，不可直接洒在菌体上。温度在18℃以下时，可用高压喷雾器在早晚喷雾增湿。为了保证仿野生栽培产品原生原味，应尽量避免使用农药，万一要用，也要采用悬挂熏杀、灯光诱杀等方式，避免农药直接触及菇体。

(3)采收烘干 待菌刺长至1厘米以上，尚无大量孢子弹射即可采收。除去柄部带锯末部分，装入烘干机(或烘房)，按大小分类逐层排放，晴天采收的菇可逐渐升温，雨天采收的菇要加大通风,起温至少在 40℃ 以上以防霉烂,烘干的完成期温度不超过 60℃。为了使菌刺保存良好,烘干后的猴头(含水量 13% 以下)可放置几小时,待菌刺收潮后(含水量 18% 以下)再进行密封包装。

仿野生栽培不仅制袋不受季节影响,培养料成本降低,而且干品食用口感好,品质可与全野生媲美,销售价可高出常规室内培养菇价 50% 以上。

82. 猴头菌的畸形菇有哪几种? 发生的原因何在?

猴头菌的畸形菇主要有如下几种:

(1)花菇 表现为已分化的原基不能形成正常子实体,以基部为轴心,不规则地多次分枝,形成珊瑚状或发育不良的幼小子实体。花菇的产生主要是菇房二氧化碳浓度过高。培养料中含芳香族化合物的油松、香樟等木屑混入,也是花菇产生的原因之一。此外,在瓶(袋)已采收 3 次以上的情况下,由于养分不足,也可能出现花菇。

(2)球菇 表现为菌刺形成受阻,菌体畸形发展,最后形成表面粗糙、皱褶、没有菌刺的球菇。球菇的产生主要是气温较高而空气湿度过低,外界补充的水分赶不上蒸发失去的水分,因而影响菌刺的形成和菌体的正常生长。因此,气温高于 24℃ 时,应增大补水量,使空气湿度达 90% 以上。

(3)红菇 表现为子实体发红,且红色随室温下降而加深。红菇的形成主要是由于菇房长期处于 14℃ 左右过低温度。因此,菇蕾形成后,应将菌袋置适温下培养。

(4)黄菇 表现为子实体瘦小,菌刺卷曲,呈黄褐色。黄菇的形成大多与菇房湿度过低有关。此外,某些病因尚不明确的病菌的侵染也会使子实体发黄,菇体萎蔫,菌刺粗短。后一种情况一旦发生,要及时清除,以杜绝传染。

83. 在常规管理的基础上,猴头菌栽培还可试用哪些增产措施?

在常规管理的基础上,猴头菌栽培还可试用下述增产措施:

(1)采用墙式栽培 用12厘米×12厘米塑料袋装料,每袋装干料200克,两头均用塑料套环,另加牛皮纸封口,按常规方法灭菌,两端接种。然后在室内上堆发菌,堆高以1.2~1.5米为宜。室温控制在20℃~24℃,每7天翻堆1次。经20天培养菌丝满袋后,可将堆高增到2米,并支撑固定。然后将室温降至18℃~22℃,提高相对湿度至90%,增加光照和通风时间,促使菇蕾形成。当袋口出现白色突起物,取下套环,留下牛皮纸形成两个出菇面。每天向牛皮纸喷水,经4~5天幼嫩子实体突出袋口后,去掉牛皮纸,改向空中喷雾增加湿度,以促进子实体生长。子实体采收后进行再生菇管理,7天后可采收第二潮菇。

(2)实行分段出菇 前期采用常规两头出菇。方法是当菌丝深入袋内2/3以上时,剪去两端袋口,露出直径约1.2厘米的小孔作为出菇口。料袋处理好后排成70厘米×40厘米的宽窄行,行向与门窗方向一致,每排料袋堆垛8层。料袋排好后室温控制在15℃~20℃,空气相对湿度85%~95%,室内光线以刚能看清报刊字迹为宜。每天通风1小时,大约7天左右就可现蕾。现蕾后每天通风2小时,当菇体长大菌刺形成时,可适量向子实体喷雾状水。当菇体长足尚无或仅有少量孢子散发时即可采收。第一潮菇采收后,下一步采取覆土单头出菇的方法。从一头脱去2/3塑料袋,双排排于高5厘米、宽45

厘米的土垄上,排与排间隔 5 厘米,袋与袋之间留 3 厘米的间隙,层与层间隔 3 厘米,所有的空隙用肥沃的砂壤土填充,周围用泥封好,共堆垛 8 层,最上一层用泥土封好后留上补水槽,槽中每隔 20 厘米打一直径 3 厘米的补水孔。出菇前先向槽中补充 1 次营养液(配方是:尿素 200 克、糖 200 克、磷酸二氢钾 100 克、维生素 B₁ 20 片、水 50 升),出菇后每隔 3 天补水 1 次,其他管理同前。由于覆土后土壤源源不断地供给料袋水分和养分,第二潮菇虽是单头出菇但单个重量多在 150～200 克,总产量与第一潮菇相当,且以后还能收获 1～2 潮菇。

84. 滑菇箱栽有哪些主要步骤?

滑菇箱栽有如下几个主要步骤:

(1)装箱灭菌 选 89％木屑、10％米糠、1％石灰,或 87％木屑、10％麦麸、2％玉米粉、1％石膏等适宜配方。调节含水量至 70％,装入内垫塑料薄膜的木制、柳条制栽培箱(60 厘米×35 厘米×9 厘米)中,料厚 6～7 厘米。拍平后,用打孔板在料面打 20～24 个深至箱底、上粗下细的接种孔,然后用塑料薄膜盖严(图 22)。常压灭菌 100℃,维持 5～6 小时。

(2)接 种 在利用自然气温栽培时,以 2～3 月份低温期间接种为好。接种时,将菌种略为捣碎,迅速掀开覆盖薄膜,将菌种撒入接种孔中和料面上,随即压紧,重新将薄膜盖严。

(3)养 菌 接种后的栽培箱可紧密堆码至 1 米高,待 5 月份以后气温升高时,则可将箱分散堆放成"品"字形。养菌期间,不可随意揭开薄膜,不要直接向菌块喷水。必要时只需在地面洒水增加空气湿度即可。此外,养菌室还需定期通风换气。经 2 个月的培养,菌丝可长透料层,并逐渐形成菌膜。发育良好的菌块,菌膜呈橙红色或锈褐色,有漆样光泽。7～8 月

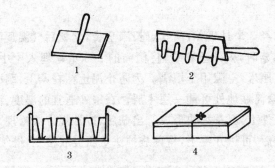

图 22　滑菇培养料的装箱

1.压料板　**2.**打孔板　**3.**打孔方式　**4.**包扎

份高温期间,应采取加强通风、喷水等降温措施,保证菌块安全越夏。

(4)**出菇管理**　利用自然气温栽培滑菇,需待 9 月份秋凉时方可出菇。当气温下降逐渐接近出菇适温时,将培养好的菌块从箱内倒出,放在栽培架上,打开薄膜透气。菌膜太厚者应用搔菌耙等工具划破菌膜,深度为 0.5～1 厘米。控制气温在10℃～15℃,空气湿度 90% 左右,并给予适当光照,加强通风换气,原基出现后约 7～10 天,即可趁未开伞时及时采收。

85. 如何进行滑菇的室外畦床覆土袋栽?

将配制好的培养料装入高、宽比为 1.5∶1 的长方形塑料袋中,大、小袋可分别装料 2 千克和 1 千克。装料后,用塑料环套在袋口,塞上棉塞,按常规方法灭菌、接种。

将接种后的菌袋搬至室外荫棚中。菌袋的 2/3 埋在畦床上的土中,以后随气温升高逐渐加土,进入夏季后,菌袋已全部埋入土中。气温特别高或品种抗高温能力弱时,可采取适当加厚覆土,在畦床两侧沟内灌水,增加棚上覆盖物等措施降温。

约经 3 个月培养,菌丝可长满全袋。立秋后气温逐渐变得适于出菇时,去掉塑料袋,将菌筒的 2/3 重新埋入土中,菌筒间隔 5 厘米,空隙用土填满。为防止泥土粘在菇上,荫棚不可漏雨,菌筒贴地处可铺一层木屑。在室外适宜的温度、湿度和通气条件下,原基很快形成。出菇后,按常规方法管理。出过一潮菇后,可扒开覆土,将菌袋掉头重新竖放覆土,继续出菇。

86. 木耳段木栽培有哪些主要步骤?

木耳段木栽培与香菇段木栽培在工艺流程上有许多相似之处,只是在发菌、出菇期间,对诸如荫蔽度、水分等环境因素的控制有较大差别。现简述如下:

(1)**耳场选择** 背风向阳,靠近水源等条件与菇场的要求相同,主要的差别是菇场要求七阴三阳的较高的荫蔽度,而耳场需阳光更充足的环境,以三阴七阳为宜。

(2)**段木准备** 适于香菇生长的常用树种,如栓皮栎、麻栎、槲栎、米槠等,也可用于木耳栽培。树木胸径以 10 厘米为宜。具体方法类似于香菇的段木准备,相对而言,直径较小的枝桠用于种木耳比用于种香菇更合适些。

(3)**接种** 具体方法与香菇接种相同,但密度宜更高些,穴、行距以 8~10 厘米×5~6 厘米为宜。

(4)**上堆发菌** 将接种后的耳木以"井"字形堆至 1 米高,耳木与耳木之间保持 5 厘米左右的距离,以利通风透气。堆的上下四周用薄膜严密覆盖,堆内温度以 24℃～28℃为宜,空气相对湿度以 80%左右为好。

(5)**散堆排场** 上堆发菌 1 至 1 个半月,菌丝长入耳木后,即可散堆排场。将耳木一根根平铺在湿润的耳场上,使之吸收地潮,接受阳光雨露和新鲜空气。如果湿度不够,应在早晚各喷细水1次。排场期间,每10天应将耳木翻动1次,使其上下左右吸潮均匀。

(6)上架管理　当耳芽长满耳木时,在地势平坦、避风向阳、水源方便、雨后不积水的地方,将耳木按"人"字形搭架方式一根一根地搭在横架上。耳木之间相距6～10厘米。架木的角度以45°为宜,雨水少的地方可稍平些,雨水多的地方可稍陡些。在阳光照射过于强烈的地方,最好搭人工荫棚。

上架后,空气相对湿度需达90%～95%,同时又要保持干干湿湿、干湿交替的环境条件。干旱时应人工浇水,夏季的晴天应在早晨和傍晚各浇水1次,浇水要采取巡回浇的方法,浇细、浇全、浇足。天气阴凉,可酌情少浇水。

经过7～10天,耳芽就可长大成熟,采收后将耳木上下调头,使湿度均匀,并停止喷水,晒耳木2～3天,使其表面干燥,促使菌丝向深处发展。接着进行喷水管理,又陆续有耳芽出现,10天左右又可采收一潮。

(7)采收　木耳成熟时,耳片展开,边缘内卷,耳根收缩,耳片富有弹性。采耳宜在雨后天晴,耳片开始收边时进行,晴天可在清晨采收。遇连续阴雨时,已成熟的木耳要及时采收,以免霉烂。

87. 木耳袋栽有哪些技术要点?

在工艺上木耳的袋栽与其他木腐菌的袋栽并无太大差别。但是在菌袋培养以及出耳过程中,木耳遭受杂菌污染的危险比其他常见食用菌大得多。因此,在没有取得足够的经验之前不要盲目大规模栽培;在同一场所年年栽培,要高度警惕和防范杂菌的大规模污染。木耳栽培袋制作、发菌和出耳期管理的要点如下：

（1）**栽培袋制作**　选用 78％木屑、20％米糠、1％蔗糖、1％石膏，或 78％棉籽壳、20％米糠、1％蔗糖、1％石膏，或玉米芯 49％、木屑 49％、蔗糖 1％、石膏 1％等适宜配方，加适量水拌匀，装入 33 厘米×17 厘米塑料袋中，袋口套塑料颈圈，翻转袋口包住颈圈，塞上棉塞，按常规方法灭菌、接种，接种量约每袋 10 克。

（2）**发菌**　栽培袋置 22℃～28℃条件下培养，开始温度可稍高些（22℃～25℃），以利菌丝迅速铺满料面。以后温度可降低，但以不低于 20℃为宜。发菌期间，培养室要保持黑暗，以免形成不规则的耳芽。培养室空气要流通，每天要开门窗通气 10～20 分钟。空气相对湿度保持在 70％左右。培养袋不宜多动，因为袋壁较薄，袋形不固定，振动后易混入杂菌。菌丝长满袋需 45 天左右。

（3）**出耳期的管理**　当菌丝长满袋后，让菌袋见光数天，待培养料表面开始显现原基时再开洞。去掉棉塞及颈圈，剪去袋口的空余部分，在袋周围开 10 个直径 1～1.5 厘米的洞，开洞时不要损伤菌丝。再将栽培袋置于栽培架上，上覆塑料薄膜保温保湿，促进耳芽形成。这时温度以 15℃～22℃、空气相对湿度以 75％～85％较为适宜。10 天左右耳芽出现后，去掉塑料薄膜，每天喷水 2～3 次。这时不但要增加空气相对湿度（达 90％～95％），还可通过喷水直接增加菌袋表面水分，使耳片经常保持湿润、舒展。耳芽经过 2 周即可长大成熟，采耳后停止喷水，以利菌丝恢复生长。3～4 天后再继续进行喷水管理，以便再次形成耳芽。

88. 怎样进行木耳的墙式栽培？

墙式栽培是将栽培袋堆成菌墙的栽培方法。木耳的墙式栽培多采用两端开口，形成两个出耳墙面的方式。其技术要点如下：

(1) 栽培袋制作及培养　配方Ⅰ：50%棉籽壳，48%杂木屑，1%蔗糖，1%石膏，料水比1：1.2～1.3；配方Ⅱ：63%稻草(2厘米小段)，25%棉籽壳，10%麦麸，1%石膏，1%过磷酸钙，料水比1：2。将料拌匀后装入17厘米×35厘米塑料袋中，按常规方法灭菌、接种。在18℃～25℃的暗室中培养，20～25天菌丝长满料袋。继续培养5～7天移至耳场堆墙。

(2) 堆墙及出耳管理　选择通风、洁净、透光场地搭盖荫棚，四周设挡风篱笆，棚内透光度约0.6。将地面整平，铺3厘米厚河沙，用砖砌适当高度的墙角，在棚内遍洒5%石灰水消毒。将菌袋逐层靠墙角堆放，共堆10～15层。墙间距离80～100厘米，墙顶用不透光材料覆盖。堆墙后在菌袋两端用消毒小针各打微孔约30个，以增加氧气供应。3～5天出现耳芽后，及时解开袋口，并向空中和地面喷水，保持空气湿度至90%左右。当耳片长至2厘米大小时，在地面灌水，使空气湿度增至95%，以利耳片展开。采后停止喷水2～3天，然后再喷雾化水，7～10天后耳芽又重新发生。

89. 多雨季节室外畦床袋栽的出耳管理应注意哪些问题？

多雨季节室外畦床袋栽的出耳管理应注意如下问题：

(1) 注意草帘的消毒和清洗　草帘用前必须用0.2%多菌灵或0.2%高锰酸钾或石灰水浸泡，然后用清水冲洗后再苫盖菌袋，避免浇水或下雨后，草帘上的药物影响菌丝生长或草帘上的污物侵染菌袋,使子实体难以形成。

(2)避免划口后的菌袋进水 因为划口后的菌袋耳基未封满划口,并且经不住雨水的淋洗浸泡,进水后的菌袋 pH 值降低,有利于杂菌污染,袋内湿度过大,迫使菌丝自溶烂袋。所以,雨天遮荫物上必须覆盖塑料薄膜,雨后要将畦内积水排放,避免菌袋内进水,菌丝死亡烂袋。

(3)荫棚内应有适宜的荫蔽度 如果棚内散射光少、过于黑暗、湿度大、通风不良、积聚二氧化碳过多,木耳耳基很难形成并易被侵染。所以,地栽黑木耳也需要大量的散射光与一定的直射光。管理中要创造六阳四阴的光照环境,才能既防止杂菌污染,又使黑木耳耳基迅速展片成色黑肉厚的优级黑木耳。

(4)加强展耳期的管理 展耳期如发现耳基或耳片生长缓慢,可停水 3～5 天,使菌袋内菌丝调养生息,积聚营养,增光提温,几天后再进行喷水增大湿度,稍加遮光,使耳基或耳片迅速吸水膨大,加速其生长。多雨季节,还应防止高温高湿。子实体展耳生长需在 15℃～25℃范围内,如果温度高于25℃,又持续升温,子实体呼吸旺盛,细胞分裂加速,干物质积累少,耳片薄,在通风不良的情况下,不但易造成污染,而且极易使耳片自溶腐烂。

(5)适时采摘 耳片生长不是无限的,有时误认为待长的小耳,实际已成为小老耳,生活力极低,干燥时失去收缩能力即弹性,这是常见烂耳的前兆,采摘时应及时摘除处理。

90. 如何进行毛木耳的畦床脱袋覆土栽培?

毛木耳畦床脱袋覆土栽培的技术要点如下:

(1)耳袋制作 选用 78％木屑,20％麦麸,1％蔗糖,1％石膏;60％棉籽壳,20％木屑,15％麦麸,1％蔗糖,2％石膏,

2%过磷酸钙等适宜配方。调节含水量至 65%～70%,拌匀,装入 15 厘米×55 厘米塑料袋中,两头扎紧,按常规灭菌,打孔(4 个/袋)接种。接种后用纸片封口,置约 25℃的暗室内发菌,约 45 天菌丝可长满菌袋。

(2)脱袋覆土 先整地做畦,畦宽 1.2 米,长度不限,畦面高出地面 30 厘米,呈龟背形,四周开排水沟。畦床上搭 1.8～2 米高棚架,上用秸秆覆盖,四周用草帘围护。要求棚内光线明亮,通风良好,排水方便。将脱袋后菌筒紧密铺放在畦床上,用保湿性好的水田表土(粒径约 1 毫米)覆盖,厚 1～2 厘米。然后在畦面上架拱形薄膜小棚保湿。

(3)出耳管理 覆土后第二天开始调水,前 2～3 天内多喷水,每天早晚各喷水 1 次。以后每天喷水 1 次,保持土粒湿润。覆土后 2～3 天,菌丝开始长入土层,15～20 天耳芽出现后,揭去拱形薄膜,勤喷、细喷,使土粒吸足水分。雨天将拱棚重新覆盖,但需揭开两端薄膜透气。耳片展开后应及时采收。采收后要停水数日养菌,再重新进行出耳管理。

91. 如何生产优质白背木耳?

白背木耳是从毛木耳中定向选育出来的一个朵形大,背面绒毛多而白的菌株,出口前景比普通白背木耳好。其生产工艺与毛木耳并无太大差别,但为了生产符合出口要求的优质产品,在栽培管理技术上有更高的要求。

(1)栽培季节 在日平均温度 15℃～20℃条件下栽培的白背木耳产量高,质量好。福建省福州地区制袋接种期为 7～9 月份,广东潮州地区则在 9 月份至 10 月上旬。其他地方可据当地气候条件而定。

(2)耳棚设置 用于墙式栽培的耳棚,通常棚顶高 4 米,棚肩高 3 米,棚宽 8.7 米,长度视场地而定。耳棚一般用竹子搭盖,四周和棚顶用塑料薄膜覆盖,外层再加设遮阳网。其中向阳方向采用黑色薄膜或致密遮阳网,以免强光直射。棚内亮度以能看书报为宜。棚内的两排床架沿与棚的长度方向相垂直而设立,床架长 3.6 米,中间通道 1.5 米。同排两床架间的距离为 1 米,这种耳棚费料较多,但能较好地调控生产优质产品所需的温度、光照和通气条件。

(3)**耳袋制作** 配方为 83% 杂木屑,15% 米糠,1.5% 碳酸钙和 0.5% 石灰,含水量 60%～65%。用部分棉籽壳和甘蔗渣代替木屑,部分麦麸代替米糠,均有增产效果。用 17 厘米×37 厘米塑料袋,机械装料,常压灭菌,冷却后在袋口接种。

(4)**发菌** 菌丝最适生长温度为 25℃～30℃。若气温适宜,可直接在耳棚内上架发菌。菌袋堆 15～16 层,袋间距离 3～4 厘米。每层袋口的方向要相互错开。接种后 7 天内不要翻动菌袋。当菌丝长至 5 厘米和 10 厘米时,分别松动和扩展袋口透气。一般培养 50 天左右菌丝可长满全袋。气温 20℃以下时,应在培养室保温发菌。

(5)**出耳管理** 菌丝长满后,采用"V"形切割法开袋出耳,即在袋口切割 2 个适当大小的"V"形切口,切口面上形成原基的数量控制在 1～3 个为宜。也可采用袋口切割法,即先松动袋口,增加光照和通风刺激原基产生,待耳芽出现后再切开袋口出耳。袋口原基数最好也控制在 3 个以内。原基形成后,要加强保湿和通风。每天喷水 2～3 次。水分管理采取高、低湿交替的办法,高湿以耳片不积水为准,低湿以耳片不卷、不干枯为度,以利耳片迅速长大。

(6)**采收加工** 采收前停喷水 2～3 天,使背毛充分生长,耳片充分展开,边缘开始卷曲时应及时采收。在一端采收前

7～10 天,即在耳袋另一端开口催芽。以便利用适温期交替出耳,提高产量。采收的白背木耳,可堆放 5～8 小时,使背毛显得更长更白,然后漂洗、干制。干制品的质量以晒干者为佳。

92. 黄背木耳棚架袋栽有哪些技术要点?

黄背木耳原产台湾,是毛木耳中的一个优良菌株,国内外市场前景均较好。其棚架袋栽的主要技术要点如下:

(1)**耳棚搭建** 选通风向阳、靠近水源、排水方便的场地建棚。一般用竹木搭棚,棚顶"人"字形,上盖稻草,四周用秸秆围护,棚外周边开排水沟。棚宽 8 米,棚内四周挂薄膜保温保湿。棚内设置床架,床架高 2.5 厘米,共 4～8 层,层距 25～60 厘米,床架宽 20～30 厘米。

(2)**菌袋制作** 配方Ⅰ:64%木屑,15%稻草粉,7%麦麸,3%菜籽饼粉,10%稻谷糠,1%石膏;配方Ⅱ:80%木屑,10%碎玉米芯,7%麦麸,1.5%玉米粉,1%石膏,0.5%过磷酸钙;配方Ⅲ:62%棉籽壳,30%木屑,6%麦麸,1%石膏,1%过磷酸钙。可根据实际情况任选其一,另加石灰 1%～2%,调含水量至 60%。用 17 厘米×38 厘米 聚乙烯塑料袋装料,在袋中央打直径 1.5 厘米接种孔,常压灭菌,冷却后两端接种。

(3)**发菌** 耳袋在培养室层架或地面堆码发菌,堆高 5 层。进房后 3～5 天内,室温控制在 26℃～28℃。室内相对湿度维持 60%～70%,遮光培养,后期可松动袋口透气。发菌期约 30～35 天。

(4)**出耳管理** 菌丝长满后,气温在 18℃以上时,及时将耳袋移往棚内开袋出耳(进棚前耳袋表面用 0.2%多菌灵消毒)。将耳袋两端袋口解开,反卷袋口薄膜,露出料面后,排放在床架上,加盖薄膜。控制棚温在 18℃～25℃,相对湿度

85%～90%,并加强保湿,适当通风换气,幼耳期每天喷水2～3次,保持耳棚潮湿。随着耳片长大,应视天气状况、耳片长势调整喷水量。当耳片呈黄褐色,背毛细短而少时,表明水分充足生长正常,可不喷或少喷,当耳片呈灰黑色,背毛粗长而多时表明缺水严重,应及时补水。温度超过30℃,相对湿度高于95%时,极易出现流耳,应加大通风量,降温降湿。耳片全部展开,边缘略卷曲,由紫红色转为紫褐色时,及时采收。

93. 在常规管理的基础上,木耳类栽培还可试用哪些增产措施?

在常规管理的基础上,木耳类栽培还可试用下述增产措施:

(1)段木深穴接种 传统上木耳段木栽培接种穴深度在2厘米以内,20世纪90年代,湖北、河南等省部分地区采用深穴(穴深达3～3.5厘米)接种,发现有提高菌种保湿耐旱能力,增强抗杂性,提高定植成活率,增强菌丝对基质的分解等有益效应,有较明显的增产效果。

(2)雾灌 雾灌,又称微型喷灌,是利用低压给水系统,通过微型喷头将水雾化喷洒的先进节水增湿技术。雾化设施由干、支、毛三级高压聚乙烯塑料管微型雾化喷头及管件组成。干管直径40～50毫米,支管直径25～32毫米,毛管直径10～12毫米。安装时,干管连接水源垂直于支管,支管垂直于每架耳木,毛管(一般长为15米)平行于每架耳木,悬挂其上空。雾化喷头间距1.5～2米,安装在毛管同一侧面上。雾灌一般在早、晚进行,每次0.5～2小时,间歇进行。采耳后要停水5～7天。

(3)脱袋覆土 脱袋覆土技术在黑木耳、白背木耳等木耳类的栽培中均可因地制宜采用,具体方法在谈到毛木耳畦床脱袋覆土栽培时已作过介绍,可参照施行。

(4)菌筒裹泥 菌筒裹泥后可遮挡光线,有效控制出耳部位,提高商品耳的采收率。方法是将长满菌丝的菌袋放入用地面 30 厘米以下红壤土调制的泥浆中,每筒留 6～8 个出耳孔,孔径 1.5～2 厘米。将裹泥菌筒竖直放在透光阴凉的耳棚中,晴天每天喷水 2～3 次,雨天防止菌筒淋湿,8～10 天后即可出耳。

94. 银耳段木栽培有哪些技术要点?

银耳段木栽培的主要环节与香菇、黑木耳的段木栽培大体相似,但在某些栽培管理技术上则有自己的特点。现将其栽培技术要点概述如下:

(1)段木准备 能栽培香菇、黑木耳的不少树种也可用于银耳栽培,但以叶片较大、材质较松、边材发达的树种用来栽培银耳效果更佳。常用的有悬铃木、枫树、榆树、麻栎、栓皮栎、米槠、鹅耳枥、杨树等。段木准备方法与香菇、黑木耳段木准备方法相似,但耳树树径可小些,8～10 厘米即可。

(2)接种 一般以气温稳定在 15℃ 左右接种为宜。银耳接种与香菇、黑木耳的接种方法相似,但接种密度高于香菇,穴距 8～10 厘米,行距 4～5 厘米。木屑种通常仅用上部 1/3 的菌种,并且一定要搅拌均匀后使用。

(3)上堆发菌 选近水源而不积水,最好有树荫的地方做发菌场。用砖头或木棍垫高 15 厘米,将接种后的耳木密集堆垒起来,堆高 1 米,长度不限,以操作方便为宜。堆顶及四周用塑料薄膜覆盖。薄膜上再覆盖草帘或阔叶树枝叶。发菌期间,堆内温度应维持在 20℃～25℃,空气相对湿度约 70%～

80%。发菌期一般为 30～45 天,其间每 7～10 天需翻堆 1 次。通常第一次翻堆时不必喷水。以后若段木湿度过低,可适当喷水。

(4)出耳管理 当大部分耳木已长出耳芽后,应及时散堆,将耳木排放在通风、向阳、有荫蔽但有一定散射光的"耳堂"内。耳木的排放方式多为"人"字形直立式架木。耳木之间的距离为 5 厘米。出耳期间,温度维持 20℃～25℃。南方 7～8 月份气温常可达 30℃以上,需采取增加荫蔽、加强通风、喷洒凉水等措施降温。子实体生长期间,每天喷水 3 次左右,使空气湿度保持 85%～90%之间。高温时只能在早、晚喷水,以免高温高湿引起烂耳。

(5)采收 从耳芽出现到子实体成熟需 7～10 天,当耳片完全展开,白色,半透明,手感柔软而有弹性时及时采收。

95. 袋栽银耳的栽培管理有哪些技术要点?

银耳可广泛利用木屑、棉籽壳、玉米芯等含木质素、纤维素较多的材料进行栽培。其中,以棉籽壳作主料的效果最好。通常在以上述原料为主料的基础上,还需配以麦麸等含氮素较丰富的物质及含磷、钙等的无机盐类。银耳栽培袋的制作工艺与其他食用菌大体相同,但在栽培管理上则有若干带有银耳特点的技术细节值得注意。银耳的栽培周期较短,不考虑再生耳,从接种至采收仅 35 天左右。其中可分为发菌、开口催耳、出耳管理等三个阶段,现按时间顺序将管理要点介绍如下:

接种后,室温控制在 24℃～26℃,湿度在 65%以下,不必通风,1～3 天菌种萌发定植,4～8 天菌丝伸长,室温降至 23℃～25℃,湿度保持 65%以下,每天通风 2～3 次,每次

10～20分钟,此间翻袋检查杂菌,疏袋散热。局部出现杂菌可注射甲醛或酒精消毒。9～11天,菌丝伸展8～10厘米时,室温再次下降到22℃～24℃,穴口掀起胶布通风,适量喷水,湿度提高到75%～80%,每天通风3～4次,每次30分钟。12～16天,穴中吐黄水珠,揭掉胶布,覆盖报纸,菌袋朝侧向排列,让黄水流出穴外。温度控制在23℃～25℃,湿度85%～90%,适当通风,17～18天菌丝满袋出现原基,用利刀呈放射形或沿穴口扩口1厘米,扩口时应注意刀口不宜过深以免伤害菌丝。温度要求在23℃～25℃,湿度90%～95%,每天通风3～4次,每次20～30分钟。19～25天,耳片已长到5厘米左右,温度掌握在23℃～25℃、湿度90%～95%,通风要求同上。26～30天耳长至10厘米左右,管理要求同上;31～35天子实体进入成熟期,耳片稍有收缩,色白基黄有弹性,停水,控制温度不超过25℃,加强通风,选择晴天采耳。

96. 在常规管理的基础上,袋栽银耳还可试用哪些增产措施?

在常规管理的基础上,袋栽银耳还可试用如下增产措施:

(1)套袋栽培 用直径12厘米的聚乙烯筒膜裁制成长46厘米的料袋或长50厘米的套袋,用电烙铁一端封口。将装料后的料袋连同套袋一并灭菌,在料袋上打孔接种,然后将菌袋套入套袋中,用橡皮筋扎紧后保温发菌。14天后,接种孔内出现白色绒毛状菌丝,松动橡皮筋通气。18天后袋内有黄水出现时,去掉套袋,覆盖报纸,按常规进行出耳管理。套袋的主要作用在于减少接种后操作管理引起的杂菌污染。

(2)两端出耳栽培 采用17厘米×25厘米的大口径塑料袋,按常规装料,灭菌,解开袋口两端接种。1～4天内在

26℃~28℃培养,5天后降温至24℃~26℃,12天后解开袋口活结通气,15天后开袋口使黄水流出,18天后出现耳芽,盖报纸保湿。随着耳片长大适时将袋口翻卷,以利子实体充分展片。将传统的小袋平面出耳改为大袋两端出耳后,由于营养充足,朵形增大,耳片增厚。

97. 茯苓的段木栽培(窖栽)有哪些主要步骤?

茯苓的段木是在窖中接种、养菌和结苓的,所以也称窖栽。整个过程可分为以下五个主要步骤:

(1)段木准备 选马尾松、黄山松、赤松、云南松等松属树种,树龄20年,胸径10~15厘米,秋末冬初伐倒,经剔枝留梢、削皮留筋(剔枝略微干燥数日后,视树径大小,从莞至梢削去5~8条宽约3厘米的树皮,以见到木质部为度,并留下数条皮筋)、锯筒(长约0.6米)后,码晒干燥约半月备用。

(2)苓场整理 选坡度为15°~30°、含沙量60%~70%的偏酸性生荒地作苓场,方向以朝南、西南或东南为好。已种过茯苓的场地切勿连种。苓场选定后在冬季及时进行挖场处理。将场地深挖50厘米以上,坡度尽量保持原自然状态,以利排水,然后清除场内杂草、树根、石块等杂物,让场地经受风吹、冰冻、日晒,以减轻杂菌、害虫危害。接种前1个月进行第二次翻耕,接种前5~10天施药杀虫备用。

(3)下料接种 茯苓栽培通常以边挖窖边下料、边接种的方式进行。根据苓场地势,可将苓场划分若干苓窖呈左右横向排列的横厢场或苓窖单排直列的直厢场,厢场四周开挖排水沟。窖深35~30厘米,宽30~40厘米,长80~90厘米。每窖放入2根筒木,重量至少15千克,可大小适当搭配。茯苓的菌种曾有肉引(鲜茯苓)、木引(经人工接种尚未结苓的筒木)、菌引（人工培育的纯菌种）等多种形式，但由于肉引易退化，种苓耗量大，木引成活率低并易传染杂菌，现大多已被纯菌种所代替。菌引接种于筒木上端锯口处，上覆枝叶，也可在筒木上打孔穴播后覆土。接种后立即在窖内覆土，覆土层厚2～4厘米，窖面呈龟背形。

（4）苓场管理 苓场管理工作主要有四个方面。一是查窖补窖。接种数天后及时检查，若引种上的菌丝没有向外延伸，或污染了杂菌，可将引种取出，补换新的引种。若窖内湿度过大，可将窖面土壤翻晒1～2天后，加入干土，重新补种。二是清沟排渍。厢场间及窖场周围均应挖好排水沟。若降雨较多，可在窖上端接种处覆盖枝叶、薄膜等物，防止雨水渗入窖内，造成引种腐烂。三是覆土掩裂。随着茯苓菌核的生长发育，苓场上逐渐会有龟裂纹出现。此时应勤加检查，及时覆土掩裂，防止菌核长出窖外"冒风"。四是围栏护场。苓场周围要用树枝、竹竿等修建围栏，防止人、畜践踏。

（5）收获 下窖后第二年4～5月份茯苓陆续成熟。成熟的标志是：苓场不再出现龟裂纹；茯苓皮色开始变深，外皮不再出现裂纹；料筒变成黄褐色，并呈腐朽状。收获时将窖掘开，将茯苓取出即可。

98. 怎样用松树桩栽培茯苓？

松树砍伐后留下的树桩，凡直径在12厘米以上者均可栽培茯苓。一般是用前一年秋天或当年春天砍伐的树桩。3～6月份，将树桩周围1米内土挖松，深50厘米，清除地面杂草、灌木、石块，使树桩及树根露出地面备用。

接种时，可在树桩发根处削去一块宽约10厘米、长约15厘米的树皮，贴上1块重约50克的肉引，肉面贴在树桩上，然后用土覆盖。或者在树桩离地面3厘米处,将树皮剥开,然后将用鲜苓捣碎对冷水制成的"浆引"倒在树皮与木质部的裂缝中,将树皮与树材捏紧,再用泥土压实。若砍伐后留下的树桩过高,也可在树桩近根处锯一缺口,将菌种接于缺口中,用树皮包好,然后盖土压实。接种后,在树桩上覆一层龟背形泥土,厚15~20厘米,并在四周开排水沟。

接种后注意检查,防止雨水冲起覆土并及时防治白蚁。树桩上土壤出现龟裂纹时,要及时加土掩裂。翌年4~6月份,茯苓成熟后及时采收。

99. 怎样进行茯苓的松木屑袋栽?

茯苓的松木屑袋栽可分为菌袋培养和脱袋窖栽两大阶段。

(1)**菌袋培养** 选已经试用、效果较好的配方,如78%松木屑、20%米糠、1%蔗糖、1%过磷酸钙,含水量60%,或78%松木屑、15%麦麸、5%玉米粉、1%石膏、1%硫酸铵,含水量65%等配方。拌料后用17厘米×50厘米聚丙烯袋装料,每袋装干料1.4千克。按常规方法灭菌、接种。在24℃~26℃下培养20~25天,菌丝可长满全袋。

(2)**脱袋窖栽** 按茯苓的生物学特性和传统生产方法的要求选好窖址,将泥土深挖30厘米,开厢,清除地面杂物,任土壤至少暴晒15天以上。然后顺地势在厢上挖宽35厘米、长35~40厘米、深30厘米的窖。将菌丝已长满的菌袋脱袋下窖,每窖5筒(下排3筒,上排2筒),用泥土填满菌筒四周缝隙,窖面再覆土30厘米,保持土壤湿度在55%左右,温度在22℃~28℃之间。20~25天后,土壤湿度提高至60%,温度降至18℃~22℃。当然,对土壤适温的调控只有根据当地气候条件,选择适宜的菌袋接种和脱袋下窖的时间加以解决,从菌筒下窖起,要勤加检查,及时做好排渍、除草、培土等项工作。菌筒下窖后约 1 个月菌核开始产生,约 4 个月后可开始采收。

茯苓的木屑栽培尚处在试验探索阶段,但已显现了可喜的苗头。无论从社会效益、经济效益还是生态效益看,这一技术都值得提倡和推广。

100. 灵芝的瓶栽有哪些主要步骤?

灵芝的瓶栽有如下三大步骤:

(1)培养料的制作与接种 选 100%棉籽壳,或 80%木屑、20%米糠,或 70%木屑、28%麦麸、1%蔗糖、1%石膏等适宜配方,加适量水拌匀,装入 750 毫升菌种瓶中,装料的松紧度以肉眼观察较致密而略有空隙为宜,每瓶装湿料约 0.5 千克,然后按常规方法灭菌、接种。

(2)发菌 将接种后的栽培瓶竖放在培养室内的床架上,在温度为 26℃～28℃的条件下培养,约经 1 周,菌丝可长满料面,且向下深入 1～2 厘米。室温长期超过 30℃时,应加强通风降温。由于室温过高、通气不良及光线过强等不良条件的影响,料面会形成黄色菌皮,将其剔除后在适温下仍可形成子实体。

(3)子实体培养 当菌丝长至 1/2 至 2/3 瓶时,培养基表面逐渐出现白色原基。菌蕾长至手指头大小时,及时拔去棉塞和封口纸,让原基向瓶口处生长,约经 2～3 周,即可向上延伸成菌柄长出瓶口。这一阶段室温仍保持 26℃～28℃,相对湿度要提高至 80%～90%。每天定时通风换气,气温高时可于上午 8～10 时及下午 3～4 时进行,气温低时可在中午进行,并给予适当光照。菌柄长出瓶口再继续向上生长 1.5～3 厘米后,便开始形成菌盖。当菌盖周边的白色生长圈消失时,菌盖停止长大,但还可继续加厚。菌盖生长阶段所需的温度、湿度、空气、光线等条件与菌柄生长阶段相似。通风不良、光线过暗等均影响菌盖的形成。灵芝菌盖有显著的趋光性,其菌盖向透光面或强光面展开,因此,在菌盖生长期间切勿任意调动瓶的位置,以免造成菌盖畸形。当菌盖边缘白色生长圈消失,瓶肩出现褐色粉状物(灵芝孢子)时,即可采收。整个生产周期约50～60天。

101. 灵芝的段木栽培有哪些主要步骤?

灵芝的段木栽培可分为段木准备、打孔接种、上堆发菌和出芝管理等四大步骤。其中前三个步骤与香菇、黑木耳栽培的相应步骤差别不大,但最后一个步骤出芝管理则与出菇、出耳管理有较大差别。现分述如下:

(1) 段木准备 选栓皮栎、麻栎、米槠、青冈栎、鹅耳枥等材质坚硬、适于灵芝生长发育的树种,树径10～15厘米,于当年深秋树木落叶后至翌年早春新芽尚未萌发前伐倒,就地堆放令原木适当干燥,再剔枝截段,段木长1米。待段木锯口出现细裂纹,含水量约40%时即可接种。

(2) 打孔接种 灵芝菌丝生长最适温度为24℃～28℃左右,出芝适宜温度为26℃～28℃,较香菇、木耳高,各地必须同时考虑菌丝生长和子实体发育的适温来安排接种季节。通常华南为12月份,长江中下游为翌年3月份,黄河以北为3～4月份。接种穴孔径1～1.2厘米,深1.5厘米,穴行距7厘米×5厘米。用人工培育的枝条种或木屑种接种后,用熔化的石蜡封口。

(3) 上堆发菌 芝木呈"井"字形堆码发菌,芝木间相距3

厘米,堆高约 1 米。两堆间距离 20～25 厘米,将堆成一长条的芝木四周用薄膜覆盖,顶部用枝叶覆盖保温,堆温保持 25℃,相对湿度 65％左右。发菌期约 40～50 天。

(4)出芝管理 当接种穴周围菌落直径达 7～8 厘米,并有少量原基出现时,应及时散堆,转入出芝管理,出芝管理有两种方法。一是排场法,即选地势较平坦、土质较厚、保水性好、取水方便的向阳坡地,用覆瓦式将芝木排场。芝场需有稀疏树木遮荫,郁闭度在 0.6～0.7 之间,出芝期不能搬动芝木,视天气及芝木含水量每天喷水 2～3 次。二是埋木法,即在向阳坡地或土层肥厚的砂壤土上做畦床,畦宽 1.3～1.5 米,长度适宜,挖去表土 6～10 厘米,畦面施杀虫药并用碎土掩盖,将芝木横卧在畦床上,芝木入土深度约 2/3,然后在畦床覆盖厚约 3 厘米的细土,四周挖排水沟。大田栽培的在芝木埋土后还要搭盖拱棚,上覆薄膜、草帘等遮荫。埋木后,前 1 个月土粒不宜过湿,以利菌丝进一步生长、成熟。以后每日喷水 1～2 次,保持土粒湿润。从接种到出芝约需 4 个月。

在传统的长段木栽培的基础上,有些地方将接种后上堆发菌,接着又进行约 1 个月的覆沙养菌的 1 米长芝木截成约 15 厘米的短段,或者直接将原木截成长 15 厘米的短段木接种,然后发菌、出芝,称为短段木栽培。

102. 如何进行灵芝的短段木熟料栽培?

将适宜树种的原木锯成 15 厘米的短段木,装入塑料袋中,灭菌后接种,待菌丝长透芝木后再埋土出芝的栽培方法称为短段木熟料栽培。短段木熟料栽培是对传统段木灵芝栽培工艺所做的一项较大改革。其主要技术要点如下:

(1)季节选择 在气温适宜,空气湿度较低的秋末或冬季,天气晴朗时接种,可收到良好的发菌效果。在低气温条件下接种时,接种后培养室需立即加温,让菌丝及时恢复萌发在段木面上占据优势。

（2）**截段装袋** 选栲、槠、枫等适宜树种,冬季伐倒,适当干燥后将原木截成 15 厘米长的短段,段木含水量以横截面中心部位有 1～2 毫米细裂纹为宜。将段木断面的毛刺削平,每两筒一捆装入厚 0.06 毫米、耐高温、抗拉强度大的低压聚乙烯袋中。

（3）**灭菌接种** 常压灭菌 100℃维持 12～14 小时。冷却后接种,将菌种分割成黄豆粒大小,接种在段木断面上,每个断面均需接种。接种后稍加镇压,使菌种紧贴段木表面。每立方米段木用种量 80～100 瓶。

（4）**室内发菌** 将菌袋交叉堆放在培养室内,不要压住袋口,每 3 行并 1 列,堆高约 1.5 米。室温控制在 20℃～25℃,温度在 22℃左右时,接种后 2～3 天菌丝恢复萌发,1 周内接菌断面雪白成片,菌种连结成块。随着菌丝的生长,菌量增多,呼吸量加大,袋内水珠出现,这时要加紧通风降湿,促进菌丝向内定植。

菌丝发育良好的段木的标志是两根芝木连结紧密,难以分开,有红褐色菌被,手压有弹性,重量减轻,木质部变为浅米黄色。

（5）**埋土出芝** 选择排水良好、地势开阔、土质疏松肥沃偏酸性、水源方便的地方为出芝场,以二畦一厢方式整成30～40 厘米高畦。晴天翻土,曝晒后做畦,畦宽通常为 1.5～1.8 米,畦长依场地而定。周围应开好排水沟,畦以南北走向为好。荫棚可采用宽幅 6 米大膜覆盖,提倡用黑色遮阳网大棚,可控制温度,增大通风量,又能降低水分蒸发,增加棚内湿度,方便管理。在气温达 20℃左右的晴天将菌棒脱袋埋土:菌棒横放,洞口向上,段间距 8 厘米。然后覆土 1～2 厘米,浇水保湿,浇水量以泥土手捏成团,落地散开为宜。棚内温度控制在22℃～25℃,空气湿度 80%左右,以利菌丝生长,半个月后白色的菌芽就露出土面,必须严防芝田积水,造成菌丝窒息而死。光线过暗、温度过低(18℃以下),会导致光长柄不开片或开小片。菌柄长到一定程度即开片分化,长出菌盖,逐步横向扩展。这时要耐心疏芝(原则上每洞 1 朵)、撑芝、除草,以减少连体芝和草芝粘结现象,促使长出商业品位高、大而厚的单朵灵芝。随着灵芝的长大、增多,管理上要注意不断加大喷水量和通气量。晴天早晚各喷水 1 次。棚内气温在 28℃以上时,还需向棚内空间喷雾,但须注意不可过量,以免造成灵芝长得大而薄;除大棚两端掀开薄膜外,还需将棚的两侧薄膜掀起 20～30 厘米,减少棚内二氧化碳含量,防止出现畸形芝。

103. 如何进行灵芝的墙式栽培?

灵芝也可像平菇、金针菇等食用菌一样,进行不同形式的墙式栽培。现将其中较流行的地棚非脱袋墙式栽培和室内脱袋墙式栽培简介如下:

(1)地棚非脱袋墙式栽培 选地势较高的空闲地,沿东西向搭建长 10～15 米,宽 3～5 米拱形棚,上面用薄膜和秸秆覆盖。棚内做畦,畦宽 50 厘米,畦间开浅沟排水兼作走道。按常规制作料袋,两端扎口,灭菌后两端接种。然后堆放在畦床上,堆高 5～7 层,在温度 20℃～30℃、相对湿度 65%条件下进行遮光培养。经 30 天左右菌丝长满后,灌水浸湿畦床,提高地棚湿度。当菌袋两端转色并有白色突起出现时,剪开两端袋口,增加氧气供应,原基很快伸出袋口形成菌柄,进而分化出菌盖并横向扩展。灵芝生长期间,棚温控制在 25℃～30℃;定时向空中和畦沟喷水,保持畦土潮湿,相对湿度达 80%～90%。灵芝采收后,停水 2～3 天。7～10 天后可形成新的原基,再经 20 天可采收第二潮灵芝。

(2)**室内脱袋墙式栽培** 按常规方法培养菌袋,菌丝满袋后在菌袋中间环割一圈,脱去下部塑料袋。然后在栽培室或芝棚内堆垒菌墙。将袋口脱去的一端朝内,相对排成 2 排,排间相距 6 厘米,菌袋间距 5 厘米,用肥沃沙壤土覆盖菌袋,并将袋间空隙填满。土层厚约 3 厘米,如此逐层覆土堆码,共堆 6～7 层,最上层用泥土封顶,做成水槽形,每隔 30 厘米打 1 个注水孔,以便灌水增湿。如采用整袋剥脱的,则要用稀泥封闭墙面。菌墙建成后,剪开菌墙两端袋口,室温控制在 25℃～30℃,空气湿度 85%～90%,保持良好通风透光条件,约经 7 天即可出现芝蕾。幼芝生长期间,除喷水保湿外,每两天通过水槽灌注适量营养液(尿素、蔗糖各 500 克,磷酸二氢钾 200 克,维生素 B₁ 100 克,加水 100 升)。头潮芝采收后停水 5 天,继续按前法管理,10 天左右可采收第二潮灵芝。

104. 如何进行灵芝的仿野生菌袋栽培?

灵芝仿野生栽培的菌袋制作、发菌与常规方法基本相同。重点是将出芝管理放在条件适宜的野外条件下进行,以便尽可能模拟野生灵芝生长发育的环境条件,生产质量更佳的灵芝。仿野生栽培的出芝方式既可以采用菌墙式,也可采用畦栽式。

菌墙仿野生栽培可在塑料大棚中进行。塑料大棚可建于背风向阳、通风良好、荫蔽度适宜的林地中,或在大棚周围种佛手瓜、丝瓜等藤蔓植物,在大棚上方搭建瓜架,使瓜蔓爬于架上，以免阳光直射。大棚宽 3 米，可做 2 道菌墙，长视场地条件而定。垒墙具体方法与前面所述相同。做好菌墙后，在菌墙顶部水沟中灌少许水，在地面水沟中适当多灌水，以保持菌墙土壤及大棚内空气的湿度，空气相对湿度宜保持在 90% 左右。棚温保持在 26℃～28℃，当温度过高时，应适当掀开大棚两头及两侧基部的塑料薄膜通风降温。出现芝蕾以后，应特别注意保持大棚内空气清新，在不致使棚内温、湿度过于降低的前提下，经常保持大棚中空气流通。为了保证灵芝的品质，应注意防止虫蛀及霉烂，栽培前应进行土壤消毒。发现虫蛀或霉烂灵芝时，及时清除，勿使留在棚内，以免杂菌蔓延。灵芝成熟后，应及时采收。

　　进行畦栽仿野生栽培时，可在林荫下建畦搭棚，或在畦上搭小拱棚，在棚周围种植藤蔓植物，棚上搭架，让藤蔓爬于架上遮阳。棚中土畦宽约 1 米、长约 15 米。畦栽时，将发好菌的菌袋，从一端脱去大部分塑料袋，另一端保留 5～6 厘米。将保留塑料袋的一端向上，直立埋入畦床土中，露出土面 4 厘米左右。菌筒成行排列，筒间距离 7 厘米，两行菌筒相互错开。管理方法与上述菌墙栽培法大体相同。前一个月勿过多淋水，保持土壤表面湿润即可。芝蕾出现后，每天揭膜通风 1～2 次，喷水 2～3 次。注意水不要直接洒在子实体上。菌盖分化后，要揭膜并抽去部分遮荫物，使透光度增加到 50%，并增加喷水量。

　　仿野生栽培若管理得当，所生产的灵芝菌柄短而粗，色泽深，菌盖大，与野生灵芝十分相似。

105. 以收集孢子粉为主要目的的灵芝栽培应注意哪些技术要点？

以收集孢子粉为主要目的的灵芝栽培应注意如下五个技术要点：

(1) **菌株选择** 目前用于孢子粉生产的主要是赤芝。要选个体大、菌盖厚、产孢量大、抗病性强的菌株做生产用种。

(2) **生产季节** 灵芝菌丝生长最适温度为 24℃～28℃，子实体形成最适温度为 26℃～28℃，孢子释放最适温度为 24℃左右，温度低于 22℃或高于 30℃，孢子难以形成或很少释放。安排生产季节时，必须尽可能兼顾灵芝生长发育对上述三种适温的需要。我国孢子粉主产区浙江省一般在 4 月中旬开始接种，6 月下旬开始套袋，7 月下旬采收结束。各地可根据本地气候条件适当调节，妥善安排。

(3) **栽培条件** 生产孢子粉宜采用瓶栽法，培养料成分以木屑为主，含水量应略高于常规栽培的含水量，约为 68％左右。芝蕾分化及子实体生长发育期间，要有足够的散射光。

(4) **适时套袋** 接种后 50～70 天，当菌盖边缘白色生长圈基本消失，菌盖颜色加深，瓶肩上出现棕色孢子粉时，应及时套袋。套袋之前，先喷施敌敌畏 500 倍液杀虫，然后将高 20 厘米、周长约 37 厘米、袋底封闭的圆筒形纸袋套在栽培瓶的上半部，然后用橡皮筋扎紧袋口。灵芝个体的生长速度常有所不同，因此，套袋要选成熟者先套的办法进行。

(5) **套袋后管理** 套袋后不便喷水，可采用地面灌水法，保持 1.5～2.5 厘米深的水位，每周更换一次，使栽培室内空气湿度达 95％，以提高孢子释放量。此外，每隔 1 天，应在清晨开背风窗通风 1～2 小时，同时要适当遮光，以利于孢子释放。

106. 竹荪畦床栽培有哪些主要步骤？

竹荪畦床栽培有如下四个主要步骤：

（1）**培养料配制** 用木、竹料栽培竹荪，采收持续时间长（2年以上），子实体大，产量高；而秸秆栽培则出荪快，持续时间短，产量较低。各地可因地制宜单独或搭配使用。常用配方有：60%阔叶树木块，40%竹片；60%竹片，20%木片，20%芦苇，另加0.4%硫酸铵，0.3%过磷酸钙，0.3%尿素；80%玉米芯，20%黄豆秆；50%蔗渣，50%芦苇，另加0.4%过磷酸钙，0.4%尿素，0.5%石膏等。将木、竹料加工成数厘米长小条，秸秆切成数厘米长小段后，用前放入开水中煮沸1小时，或放入3%石灰水中浸泡7天，取出后用清水反复冲洗沥干。也可将原料淋湿后加盖薄膜堆积发酵15～30天，其间每隔1周翻堆1次。秸秆类原料的发酵时间减半。培养料使用时的含水量为65%左右。按所需原料重的10%，另行准备以木屑、竹屑、芦苇等碎料为主要成分的辅料，加水拌匀。

（2）**整地做畦** 坡地应先开挖整理成宽1.8～2米的梯地。大田、平地可直接做畦。畦宽30～40厘米，深20厘米，两畦为一厢，中间留宽20厘米土埂，厢间挖排水沟。

（3）**播种搭棚** 竹荪栽培有春播秋收，秋播翌年夏收两种方法。春播3～6月份，秋播9～11月份。采用分层铺料，共3层。底层及顶层厚5厘米，中层厚10厘米。每铺一层主料，撒一层辅料，就在辅料上播一次菌种。菌种以穴播为主，撒播为辅。每层主料均要压实，并用土填充主料空隙。播种后，用生土或腐殖土覆土，厚4～5厘米。然后在畦面搭矮棚，高20～30厘米，上用枝叶或草帘遮阳。

（4）**管理** 棚内温度控制在20℃～23℃。高温型品种温度可适当提高,经常清沟排渍,防止厢内积水。第一个月可不喷或少喷水,保持表土湿润,以手握不成团,松手后立即松散为度,以利透气。1个月后菌丝逐渐长满培养料,覆土层形成大量菌索后逐渐现蕾,此时要逐步提高空气湿度。菌蕾进入开伞期后,空气相对湿度应达85%～90%。当菌裙全部展开时应立即采收。

107. 怎样进行竹荪的免棚栽培?

所谓免棚栽培,是一种利用套种作物或果园的自然荫蔽,不设置人工荫棚的栽培方法。现分别简介如下:

(1)竹荪畦旁套种农作物

①栽培季节:具体掌握好两点,一是播种期气温不超过28℃;二是播种后2～3个月菌蕾发育期,气温不低于10℃。南方诸省竹荪套种作物,通常为春播,惊蛰开始堆料播种,清明开始套种农作物,北方适当推迟。

②场地整理:菇床先开好排水沟,床宽1米,长度视场地而定,一般以10～15米为好。床与床之间设人行通道,宽20～30厘米,床面龟背形,离畦沟25～35厘米,防止积水。

③播种方法:竹荪播种采取一层料,一层种,菌种点播与撒播均可。每平方米培养料10千克,菌种5瓶,做到一边堆料,一边播种。

④覆土盖物:堆料播种后,在畦床表面覆盖一层3厘米厚的腐殖土,腐殖土的含水量以18%为宜。覆土后再用竹叶或芦苇切成小段,铺盖表面,并在畦床上罩好薄膜,防止雨水淋浸。

⑤套种作物:在竹荪畦床旁边套种黄豆、高粱、玉米、辣椒和黄瓜等高秆或蔓藤作物。在竹荪播种覆土后15～20天,就

可在畦旁挖穴播种农作物种子,每间隔50厘米套种1株。

⑥田间管理:播种后,在正常温度下培育25～33天,菌丝爬上料面,可把盖膜揭开,用芒萁或茅草等扦插在畦床上遮阳,以利于小菇蕾形成。菌丝形成菌索并爬上料面后,很快形成菇蕾,并破口抽柄形成子实体。出菇期培养基含水量以60%为宜,覆土含水量不低于20%,空气相对湿度85%为好。菇蕾生长期,必须早晚各喷水1次,保持相对湿度不低于90%。竹荪栽培喷水,可采取"四看"的办法。即:一看盖面物,竹叶或秆草变干时,就要喷水;二看覆土,覆土发白,要多喷、勤喷;三看菌蕾,菌蕾小、轻喷、雾喷;菌蕾大多喷、重喷;四看天气,晴天、干燥天蒸发量大,多喷,阴雨天不喷。

(2)林果间套种竹荪

①园地整畦:选择平地或缓坡地,含有腐殖质的砂壤土,近水源的果园或林地,在播种前7～10天清理场地杂物及野草,最好要翻土晒白。一般果树每间距3米×3米,其中间空地作为竹荪畦床。可顺果树开沟做畦,人行道间距30厘米,畦宽60～80厘米,整地土块不可太碎,以利通风,果树旁留40～50厘米作业道。

②堆料播种:播种前把培养料预湿好,含水量60%左右。选择晴天将畦面土层扒开3厘米,向畦两侧推,留作覆土用;然后将培养料堆在畦床上,竹荪菌种点播料上,再铺料1层,最后覆土。如果果树枝叶不密,可在覆土上面铺盖1层稻草和茅草,避免阳光直射。播种后盖好薄膜,防止雨淋。畦沟和场地四周,撒石灰或农药杀虫。

③发菌管理:播种后15～20天,一般不需喷水,每天揭膜通风30分钟左右,后期增加通风次数,培养料保持含水量60%～70%,温度控制在23℃～26℃。春天雨水多,要经常清

沟排渍。

④出菇管理:播种后 25～40 天菌丝长满培养料,再经 10～15 天菌丝形成菌索爬上覆土,在 20℃以上培育 10～20 天即可长出菇蕾,此时保持湿度 80%～90%,再培育 20～28 天,菌蕾发育成熟,破蕾、抽柄、撒裙时,即可采收。

108. 竹荪出菇期可能出现哪些异常现象?出现后应如何处置?

如管理不当,竹荪在出菇期可能出现菌蕾萎烂、破口受阻、菇体畸形等异常现象。

(1)缺水性萎蕾 症状为菌蕾色变浅黄,外膜收缩皱褶,手扳菌蕾内外滑脱,撕开肉质呈白色,质地柔软,闻之无味。检测时翻开培养料,可见菌丝萎黄,基料干燥松散,含水量 40%～45%。原因有三:一是堆料播种时水分不足,或料被晾干或晒干;二是通风过量,或罩膜不严有破洞;三是光照过强,水分蒸发量大。应对措施为沟中灌水、喷雾增湿及增强遮盖等。

(2)渍水性萎蕾 症状为菌蕾褐色或深褐色,外膜皱纹清晰,手抓菌蕾向外滑脱,撕开肉质呈褐色或紫黑色,质地脆,闻其有呕吐物味。检测时可见上层基料黄色,菌丝雪白粗壮,下层基料黑色,菌丝少。折断基料明显渍水;含水量 70%以上。原因有三:一是场地整理欠妥,畦面四周高于中间,畦沟超过料底;二是喷水过量,基料积水。三是覆土过厚或土质板结,透气性差,水分蒸发难。应对措施为:深沟排渍,将竹管插入料层,加速水分蒸发,增强通风换气等。

(3)病理性烂蕾 症状为菌蕾黑褐色,外膜收缩脱节,摇动即断,手捏肉质呈豆腐渣状,色极黑,闻有氨水味。检测时去表层覆土可见菌丝发霉,基料2厘米以下菌丝正常。原因是病原菌侵染菌蕾。应对措施为:在发病处及四周5厘米处撒石灰消毒,重新覆土,暂停喷水,加强通风以抑制杂菌蔓延等。

(4)**外膜增厚破口困难** 症状为菌蕾饱满,纹粗色深褐,久停不变。检测时撕开外膜,比正常增厚2～3倍,且质硬拉而不断。原因是气温较高,为防御和抵制外界不适环境,菌蕾内部加快新陈代谢,细胞里营养不断输往外膜,使其增厚过度。应对措施为:用刀片在菌膜尖端作"×"形切口,使营养液外流,或在清晨将外膜剥开,并短期(2小时)喷水、罩膜保温,促进抽柄撒裙。

(5)**菌裙粘连不垂** 症状为抽柄正常,菌裙紧粘在菌盖的边沿,难于撒裙下垂。原因是罩膜不严保湿差,畦床内干燥,相对湿度低于75%,致使菌裙闭合无法伸张而粘连。应对措施为:大水喷洒,盖膜保湿1～2小时后再揭膜通风,沟中灌水增湿,减少光照等。

(6)**菌裙呈鹿角状** 症状为菌柄正常抽出,菌裙2/3收缩贴粘,另1/3垂直或向上翘,形成鹿角状态。原因是通风不足,氧气缺乏,二氧化碳浓度过高。应对措施是:增加通风次数,开启对流窗口,延长换气时间。

109. 天麻栽培管理中应注意哪些技术要点?

天麻是利用兰科植物天麻与蜜环菌的共生关系栽培的著名药材。在适宜的条件下将天麻与蜜环菌菌材伴栽后,要想获得稳产高产,还必须注意下述栽培管理技术要点:

(1)**注意夏、秋高温季节栽培场小气候的调节** 一是没有荫蔽条件的,要搭棚遮荫;搭了荫棚的,还应加厚荫蔽物。同时,树林或棚内光线强的一方也要搭树枝遮荫。二是架拱棚盖膜遮雨,开沟排渍。特别是烈日中午突降暴雨,最易高温高湿烂麻。如未搭固定遮雨棚的,加盖薄膜务必抢在暴雨到来之前,雨后立即揭去。

(2)注意调节温度　气温低时,将覆土扒去一层,覆盖干草或落叶,加盖薄膜,提高坑温,促使麻、菌结合及幼麻生长,同时避免冻伤麻种;气温高时,加厚覆土到 12 厘米左右,降低坑温,还要注意改善通风条件。

(3)注意天旱时浇水　土壤含水量要适度,沙土坑保持在 50%左右,泥土坑保持在 40%左右,以达到手握土成团,土落地全散为宜。

(4)注意防治病虫害　危害天麻的主要害虫有蝼蛄、蛴螬,菌材上常发生白蚁。防治办法有二:一是栽培天麻时,可在场地周围撒施农药。二是在管理期间发生了害虫,可用毒饵诱杀。

(5)注意预防蜜环菌侵害天麻　在条件适宜的环境里,天麻和蜜环菌都能正常生长,蜜环菌为天麻输供营养。但当湿度过大,天麻生长受到抑制时,蜜环菌可能侵入生机衰退的天麻块茎,繁殖大量菌索使天麻腐烂只剩一层空皮,这种现象多发生在天麻生长后期。为防止蜜环菌侵害天麻,除了在栽培时选择透气利水的场地和注意栽培时菌材用量不可过多外,在管理过程中,切勿使坑内温度过高,特别是后期,如遇阴雨过多,要勤检查,及时加盖遮雨,清沟排渍,松土散湿。

(6)注意天麻烂窝现象　7 月下旬至 9 月份,气温较高,既是天麻生长的旺盛时期,又是容易发生软腐烂窝的季节。这时要注意及时检查,作好遮荫防晒、抗旱保湿和开沟排渍等管理工作。如果发现已开始腐烂,应提前采挖。

110. 怎样栽培杨树菇？

杨树菇即柱状田头菇，上海地区商品名称为柳松菇。我国自 20 世纪 80 年代后期开始试验研究，现在在华东、西南、华北不少省、自治区已有一定规模的栽培。杨树菇的栽培以袋栽为主要方式。

(1)栽培原料 杨树菇可用杨树、柳树、榆树、栎树等阔叶树木屑为主料进行栽培，以棉籽壳为主料效果更佳。无论采用何种主料，均应添加米糠、麦麸、饼粉等氮素营养较丰富的辅料。

(2)栽培季节 1 年可栽 2 季。利用自然气候栽培，通常春栽 2～3 月份接种，秋栽 8～9 月份接种。

(3)栽培场所 要求明亮、通风、近水源，一般房舍、大棚、温室等均可作为栽培场地。

(4)栽培袋的制作 配方可选 78％木屑、20％米糠、1％蔗糖、1％碳酸钙，或 88％棉籽壳、10％麦麸、1％蔗糖、1％碳酸钙，或 26％棉籽壳、52％木屑、19％麦麸、1％蔗糖、1％石灰、1％石膏等，含水量 60％～65％。拌匀后装入 14～17 厘米×34～38 厘米塑料袋中，按常规灭菌，上端接种。然后将栽培袋移入暗室培养。培养温度 25℃左右，相对湿度 70％，经 35～40 天，菌丝可长满全袋。

(5)出菇管理 将菌丝长满的菌袋，及时转移到菇房。第一潮可先松袋口而不开袋排放于架上，袋口向上，排放量为 80 袋/平方米，温度控制在 15℃～20℃，湿度 85％～90％，每日通风 2～3 次，室内应较为明亮。发现小丛菇蕾出现时要及时打开袋口，顶面盖上报纸，并喷水保湿，促进子实体生长。最好把菇蕾大小一致的移在一起，以便管理。第二潮菇的菇蕾不一定在顶面发生,可以在菇蕾处破袋使菇能顺利生长。产过菇的菌筒若水分太少,可用水浸泡 1 天后再排放管理。杨树菇群集的菇蕾数量很多,能生长成形的只是一小部分,而且菇体大小也参差不齐,若想得到大小一致的菇体,可适当疏蕾。另外,为刺激出菇也可在培养料表面盖上一层泥炭土。

菌膜未破时为采收适期。单生或成丛菇应全部采收。

111. 怎样栽培茶薪菇?

茶薪菇又名茶菇、油茶菇。目前大多进行袋栽,其技术要点如下:

(1)栽培季节 可春、秋两季栽培。春栽以气温上升至 20℃,秋栽以气温降至 25℃ 出菇为宜。各地可根据当地气候条件,选择栽培袋的接种适期。

(2)栽培袋制作培养 选 77.5% 木屑、20% 麸皮、1% 石膏粉、1% 蔗糖、0.5% 碳酸钙,或 58.5% 棉籽壳、39% 木屑、1% 石膏粉、1% 蔗糖、0.5% 碳酸钙等适宜配方;拌料要均匀一致,料水比为 1∶1.2 左右。,选用 15～17 厘米×35～37 厘米×0.05 厘米低压聚乙烯塑料袋,每袋料干重 350 克左右,湿重 720～750 克,装料松紧适度,高度 14～15 厘米,稍整平表面,及时套上颈圈并塞好棉塞(也可用编织线扎紧),常压灭菌(4 小时内将温度上升到 100℃ 保持 12～14 小时),茶薪菇抗杂能力较弱,因此,灭菌要彻底,制作过程要严防菌袋刺、磨穿孔,以防杂菌污染。经灭菌后的袋料,待料温降至 30℃ 以下接种。接种量为每瓶接 30～40 袋,接种后要避光培养。茶薪菇菌丝恢复吃料慢,因此,接种后要注意培养室清洁、干燥和通风换气,保持温度稳定,促进菌丝均匀生长。一般接种后 30～40 天菌丝即可长满菌袋。

（3）出菇管理　在正常情况下，茶薪菇接种后 60 天左右即可出菇。出菇前要进行催蕾处理，催蕾时菌袋可直立排放（80 袋/平方米），也可墙式堆垒。然后拔掉棉花塞或剪去扎口线，并拉直袋口排袋催蕾。菌丝由营养生长转入生殖生长，料面颜色也随之变化，初时有黄水，继而变褐色，出现小菇蕾。这期间，提高空气湿度至 90%～95%，早晚应喷水保湿。室内应有较强散射光，温度 18℃～24℃，这样开袋后 10～15 天子实体大量发生。出菇后减少通风次数和时间，以防氧气过多导致早开伞，菌柄短、肉薄。如果菇蕾太密，可进行疏蕾，保持每袋6～8 朵。当子实体菌盖开始平展，菌环未脱落时就可采收。因菌柄较脆，易折断，采收时应抓基部拔下，防止伤及幼菇。采收后清理菌袋料面，合拢袋口，让菌丝休养 2～3 天，然后拉开袋口，可淋一次大水，并重复上述管理，5～7 天后可再长一潮菇。

112. 怎样栽培阿魏蘑？

阿魏蘑是生于伞形科多年生草本植物阿魏死亡根茎上的大型真菌，在我国仅分布于新疆荒漠、半荒漠地区。由于 20 世纪 90 年代以来天然阿魏蘑采集量日渐减少，各地陆续开展试验栽培。阿魏蘑出菇温度为 10℃～20℃，在福建省一般是 9～11 月份接种，11 月份至翌年 4 月份出菇，其他地区可因地制宜适当安排。阿魏蘑的栽培目前主要有瓶栽和袋栽两种方法。

（1）瓶　栽　选用 78%棉籽壳（木屑、蔗渣亦可）、20%麦麸、1%石膏、1%蔗糖、酵母片少量等适宜配方，按常规方法拌料、装瓶、灭菌、接种，然后置 25℃下培养。栽培瓶经过 25 天左右的培养，菌丝已长满瓶，满瓶后 10 天左右，把栽培瓶移入10℃～18℃的出菇室或菇房。菇房应事先进行消毒和杀虫处理。先不要打开栽培瓶封盖,排放于菇房床架上,每天喷水3~4次,保持菇房内85%~95%的相对湿度。当子实体原基出现时,即可打开栽培瓶封盖,继续管理约10~15天,子实体即可长大成熟。一般每瓶大约出现1~5个子实体原基,有单生,也有丛生,少数有多达几十个原基的,但生长发育成熟的往往只有1~2个。子实体发育成熟后会弹射出大量白色粉状孢子。当子实体逐渐长大,菌盖边缘从内卷到逐渐展开,或稍内卷时就应及时采收。阿魏蘑每瓶只长一潮菇,生物学效率可达50%~80%。采收后的栽培瓶应及时移出菇房处理掉,以免污染杂菌影响后续的正在或将要出菇的菌瓶。

(2)袋栽 袋栽用15厘米×28厘米的短袋装料,培养料配方与瓶栽相同,其栽培管理技术也与瓶栽基本相同。将长好菌丝的栽培袋移入菇房后,保持室内相对湿度85%~95%,室温15℃左右。当见到子实体原基后,即可进行开袋处理,开袋时弃掉棉塞和套环,并将袋口敞直,继续保湿。随着幼小子实体的不断长大,便可将袋口撕开或剪开,以免影响菇体的正常生长。若一开始幼小原基便长在袋侧,则可不必弃去棉塞套环,直接把原基周围的塑料袋剪去,让子实体发育成熟。

113. 怎样栽培杏鲍菇?

杏鲍菇又名刺芹侧耳,菇肉有杏仁香味。杏鲍菇可利用多种阔叶树木屑和作物秸秆进行栽培。意大利早在1960年即已开始驯化栽培,日本已于1998年正式将其列为可供商业栽培的菌类。我国尚未进行商业化生产。杏鲍菇可用瓶栽、袋栽等多种方法栽培。现将瓶栽的技术要点介绍如下:

(1)培养料成分 柳杉、柏树、青冈栎、麻栎、栓皮栎、鹅耳枥、山槭等树种的木屑及棉籽壳均可作为主料。板栗、枹栎、柳桉的木屑效果不佳。米糠、麦麸、玉米粉均可作辅料。

（2）**培养基的含水量** 培养基灭菌前的含水量是影响杏鲍菇子实体发生的关键，以 65% 左右最好。

（3）**栽培容器** 可用 800 毫升或 850 毫升的聚丙烯塑料瓶。标准的装入量是每 100 毫升装入 60 克左右的培养基。

（4）**灭菌** 高压灭菌及常压灭菌均可，按常规方法进行。

（5）**接种** 灭菌后冷却至 20℃ 以下开始接种，具体操作按常规方法进行。

（6）**发菌** 瓶栽时，在 22℃ 培养 25～30 天，湿度不必特别控制。若空气过于干燥，可加湿至 65%～70% 之间。每 2 小时强制通风 10 分钟。

（7）**搔菌** 培养后，为了使杏鲍菇出菇整齐，要进行搔菌作业。搔菌的方法有平搔（把瓶口的老菌种平整地耙掉）和山搔（瓶口中央部保留不动，沿瓶口内侧把老菌种耙去一圈）两种方法。后者（山搔）菇蕾发生快，发生量也多。

（8）**催蕾** 搔菌后，在瓶口倒入 1 杯清水浸 1 昼夜，其后把水从瓶中倒掉，盖上报纸进行催蕾。经 7～10 天菇蕾就发生。温度保持在 16℃～18℃，湿度保持 85%～90%，光线明亮，每 2 小时强制通风 10 分钟。

（9）**出菇** 菇蕾长大后如果碰到报纸，就要把报纸收起来，再过 7～10 天就可以采收。湿度等的管理和催蕾时相同。另外，第二潮菇要和第一潮菇一样进行搔菌作业后再使之出菇。杏鲍菇采收时间在搔菌后 20 天左右，采收时菌盖直径 4～5 厘米。

114. 怎样栽培姬菇？

姬菇具有较强的分解纤维素的能力，能利用各种作物秸秆和农副产品作原料进行栽培,并能适应多种栽培方式。现介绍较为简便易行的生料袋栽和室外畦栽。

(1)生料袋栽法 常用配方为 94% 棉籽壳、2% 石膏、2% 生石灰、2% 过磷酸钙,将配制好的培养料装入规格为 50～55 厘米×30～35 厘米的聚乙烯薄膜袋内,用 17 厘米×35 厘米 的小袋,每袋装干料 0.35 千克,更有利于管理。用层播法播种,即在菌袋两端、中间各放 1 层菌种,扎紧袋口。接种后菌袋置于 22℃～24℃暗室中发菌,一般堆垒 4～10 层,发菌期要注意检查堆温,防止烧菌。约 25～30 天,菌丝在袋内长满,移至出菇室,打开袋口并拉直,增加光照度。喷水将空气湿度提高至 85%～95%,保持空气新鲜,3～4 天后菇蕾大量发生。采完第一潮菇后,停水 3～4 天,再进行第二潮菇的出菇管理。

(2)室外畦栽法 在田间或空地上做畦,畦南北向,宽1～1.2 米,深 10 厘米,长度适当,在畦间开好排水沟。参用前述培养料配方,加足量水堆制数小时,使水分吸收均匀,然后在畦床上铺料,每平方米用干料 15～20 千克,用穴播法播种,穴距 10 厘米×10 厘米,深 3 厘米,用种量为干料重的 1/5 到 1/10。播种后,将料整平,加盖薄膜保湿。发菌阶段的管理主要是控制温度和换气。春播利用阳光增温,晚上加盖草被,秋播要在畦床上用草帘遮荫。每天将薄膜掀动数次,以利通气。约经 25 天左右,菌丝在料内长满,去掉畦面薄膜,在畦床上搭拱形小棚,再盖上较厚的薄膜,经 7～10 天,料面有黄色水珠出现,及时转入出菇管理,通过薄膜的开闭,拉大小棚内昼夜温差,并空中喷雾调节相对湿度至 85%～95%,2～3 天后,菌丝扭结形成白色原基;再过 1～2 天,分化出深灰色菌盖,此时可直接向菌床喷水,再过 2～3 天,菌盖长到 3 厘米大小,就可采收。采后停水 3～4 天,再进行出菇管理。一般可采 3～4 潮。

115. 怎样栽培真姬菇？

真姬菇原名玉蕈,也称蟹味菇。栽培多用袋栽法。长满菌丝的菌袋经约 1 个月的后熟培养,菌丝达生理成熟后,既可在室内催蕾出菇,也可在室外畦床覆土出菇。现将其栽培技术要点介绍如下:

(1)栽培季节　真姬菇属中低温型菌类,宜在秋冬季栽培,以月平均温度在 23℃±2℃ 范围内培养菌丝,月平均温度降至 13℃±3℃ 时出菇较为理想。栽培袋制作以月平均温度在出菇适温时向前推 3 个月为宜。

(2)栽培袋制作　配方可选 90% 棉籽壳、8% 麦麸、1% 石膏、1% 过磷酸钙,或 88% 杂木屑、10% 麦麸、1% 石膏、1% 过磷酸钙,或 40% 棉籽壳、40% 杂木屑、18% 麦麸、1% 石膏、1% 过磷酸钙,或 72% 秸秆粉、25% 麦麸、1% 尿素、1% 石膏、1% 过磷酸钙等。装入 17 厘米×33 厘米塑料袋中,按常规方法装料、灭菌、接种。

(3)发菌　菌袋置于 23℃±2℃,空气相对湿度 65%～70% 条件下避光培养,40 天左右菌丝可长满全袋。继续进行后熟培养 30 天左右,至菌丝开始扭结,变成浓白色并分泌黄褐色色素后,才达到生理成熟。

(4)搔菌注水　打开袋口,搔去料面 0.2 厘米的老菌丝,向料面注入清水,约 2 小时后将多余水倒掉。

(5)催蕾出菇　搔菌注水后的菌袋,可直接在室内催蕾出菇。方法是在袋口盖上潮湿报纸或粗白布,同时降温至 13℃～15℃ 时,相对湿度 90%～93%,增加通风量,光照在 50～100 勒。经 10～15 天,料面上可见针头状灰褐色菇蕾。菇蕾出现后,揭去覆盖物,菇房温度保持在 14℃ 左右,采取向周围和地面喷水的办法保持 90% 的湿度,切勿直接向菇蕾喷水。通风以勤、慢、小、常为主,始终保持棚内空气新鲜。适当控制光照在 500 勒左右,经 5~7 天,当子实体约八分熟,菌盖上大理石斑纹清晰,菌盖直径 2~3 厘米,菌膜破裂时即可采收。

此外,搔菌注水后的菌袋也可移至畦床覆土出菇。方法是先按常规搭棚做畦,畦高 20~25 厘米,宽约 3 米,中间开深沟,沟宽 30 厘米。排场方式分立式和卧式两种。立排时先将塑料袋每袋割去 3~4 个长条,然后排于畦上,袋间距离 2~3 厘米。再在四周堆土,只露出 1/3 袋口。卧排采取两头出菇的方法,只排 1~3 层,割袋后横卧于畦上,袋间距离 2~3 厘米,排完后上面覆土,袋口稍露于沟内。无论立排还是卧排,排完后均在菌袋上覆盖薄膜。除盖膜保湿外,需喷水于覆土上,保持土面的湿润,温度保持在 13℃±3℃,早晚掀膜通风,加大昼夜温差,促使菇蕾形成,催蕾 10~15 天后,可见到料面形成珠粒状灰白色菇蕾,然后渐成针状灰褐色菇蕾。菇蕾出现后给予一定散射光,培养温度在 14℃±2℃。同时应向畦面覆土层、地面、空间适当喷水,使空气相对湿度始终维持在 90%~95%。但切忌将水直接喷于菇蕾上。早晚一定要掀膜通风透气,降低二氧化碳浓度,保持空气新鲜。育菇阶段全程约 10~15 天。

116. 怎样栽培鸡腿蘑?

鸡腿蘑属于粪草生大型真菌,粪草、棉籽壳、米糠、干牛粪、鸡粪和饼粉等均可用作鸡腿蘑栽培材料。鸡腿蘑菌丝生长温度为 10℃~35℃,最适 20℃~30℃;子实体生长温度范围 8℃~30℃,最适 12℃~18℃。温度低,菌体发育慢,菇体紧缩,不易开伞,易于保存。培养料含水量为 60%,在菌丝生长阶段空气相对湿度为 80%,子实体生长阶段为 95%。菌丝对二氧化碳忍耐程度较高,子实体形成需要大量氧气。培养料或覆土材料 pH 值为 7。鸡腿蘑能够适应多种栽培方式。其中畦式袋栽覆土与可采用这种栽培方式的平菇等菇类的栽培方法相似,而菇房床栽的方法则与双孢蘑菇的栽培方法相似,现将这两种代表性栽培方法的技术要点简介如下:

(1)荫棚畦式覆土袋栽法

①栽培原辅材料的准备:栽培主料可用其他食用菌栽培废料(如金针菇、姬菇、茶薪菇等栽培废料),也可用棉籽壳、蔗渣等。辅料有麸皮、碳酸钙、蔗糖等。

鸡腿蘑栽培袋目前多采用 17～18 厘米×30～33 厘米,厚度 4～5 丝的聚丙烯塑料袋。

②栽培季节选择:鸡腿蘑属于中温结实型菌类。通常栽培期为当年 9 月分至翌年 5 月份,一般栽培袋培养时间为 25～35 天。根据栽培规模,各级菌种制作均应相对提前。

③栽培场所的设置:荫棚下筑畦床,畦深 10～20 厘米,畦宽 160 厘米,床底整平。

④主要栽培技术要点:培养基的配方为食用菌栽培废料 40%、棉籽壳 40%、麦麸(米糠)20%,用石灰水调节 pH 值为 7。配制、装料、灭菌、接种同常规栽培。菌丝培养期间注意通风换气。栽培袋直接埋畦在日平均气温 22℃ 以下进行,将生理成熟的栽培袋置入畦中,栽培袋间填土,覆土厚度 3 厘米,灌水,填紧。覆土后保持土粒湿润面的通风。一般在覆土后 20 天出现原基,注意保证足够的湿度和通风。南方秋季气温较高,棚温超过 28℃,要立即采取降温措施。

（2）菇房床栽法

①栽培原辅材料的准备：栽培主料为切段的稻草和干牛粪粉，其他辅料有鸡粪、尿素、过磷酸钙、石膏粉、碳酸钙等。

②栽培季节选择：气温稳定在 10℃～23℃ 之间均可栽培。福建通常安排在 3～6 月份或 10～12 月份栽培。

③栽培场所的设置：菇房要求坐北朝南，保温保湿好，空气流通。菇架层数 5～6 层，层距 65～75 厘米，底层离地面 35 厘米，顶层离顶 0.8～1 米，每条通道各开上、下窗及拔风筒。

④主要栽培技术要点：培养料配方为 100 平方米栽培面积用干稻草 1 000 千克，干牛粪 3 200 千克，干鸡粪 100 千克，饼粉 30 千克，尿素 10 千克，过磷酸钙 30 千克，石膏粉 50 千克，轻质碳酸钙 40 千克。

前发酵、后发酵和双孢蘑菇栽培基本相同。每平方米投发酵料 30～40 千克。二次发酵结束，抖松培养料、撒播，压平培养料。定植后，通风、保湿。一般经 15～20 天菌丝发透，即可覆土。覆土应晒干，并加 0.3% 石灰粉，喷水拌匀，使之无白心，覆土厚度为 3 厘米。覆土后应通风、保湿。发菌 20 天左右出现原基。鸡腿蘑在菌丝体和子实体发育阶段需要空气量都较大，要时时注意通风换气，又要防止风直吹床面，引起菇体泛红影响品质。鸡腿蘑由原基分化到形成子实体需 9～14 天。子实体群生或单生。应在菌环周沿未松动脱落前后采收，若开伞将导致菌体自溶，无商品价值。

117. 怎样栽培灰树花？

灰树花抗菌能力弱，以熟料袋栽为宜。栽培袋培养成熟后，既可室内开袋出菇，也可在畦田脱袋覆土出菇。

（1）栽培袋制作 配方可选用 78% 杂木屑、10% 麦麸、

10％玉米粉、1％蔗糖、1％石膏或 44％杂木屑、44％棉籽壳、10％米糠、1％蔗糖、1％石膏等。调节含水量为 60％～65％。按常规方法装料,常压灭菌旺火升温至 100℃后保持 10 小时,高压灭菌 121℃,保持 1.5～2 小时。冷后接种,每袋接种量 15～30 克。栽培种菌龄以 30～40 天为宜。

（2）发菌　将接过种的栽培袋置培养室进行避光培养,袋间间隔 3～4 厘米。前期室温 25℃左右,相对湿度 60％。15 天后室温降至 22℃左右,相对湿度 70％。每日通风换气 3～4 次。经 35～40 天,菌丝可满袋。此时加大光照强度,加强通风,促使菌膜形成,50～60 天后,在菌膜上形成不规则突起状原基。

（3）出菇管理　原基形成后,可直接将菌袋移往出菇室进行开袋出菇。将菌袋竖直排列于地面上,每行 8～10 袋,袋距 4～5 厘米。原基形成初期松开袋口即可,5～7 天后再开袋培养。室温控制在 15℃～20℃,相对湿度 85％～90％,光照强度 100～300 勒,每天通风 5～6 次。10～15 天后,从原基长出菌柄,继而出现重叠的菌盖,形成幼嫩子实体。当菌盖边缘灰白色生长圈消失,并稍向内卷曲时为采收适期。

菌丝长满的栽培袋可置畦床覆土栽培。方法是先建东西向畦床,畦宽 40～50 厘米、深 25～30 厘米、长 3 米,开挖排水沟,菌袋上床前灌足底水。在畦床上撒一层石灰,再铺一层 1 厘米厚细土,脱袋竖排于畦床上,然后覆土 2～3 厘米,再加盖薄膜保温保湿。畦上搭棚,南方棚可高至 2 米,以利通风散热,北方棚高 0.5 米即可,以利保温。菌袋排放初期原基出现之前,注意保持覆土表面呈湿润状态。在现蕾至菌盖分化的 7～10 天内,要用喷雾补充菌盖散失的水分,并使空气相对湿度达 85％～90％,棚温保持在 20℃～25℃,并适当减少通风和降低光照,以利幼菇发育。在菌盖展开期间,随着菇体长大,要增加喷水,增强通风,提高光照强度。达到采收标准后及时采收。

118. 怎样栽培姬松茸?

姬松茸又名巴西蘑菇,其栽培方法与双孢蘑菇的栽培方法相似。

(1)栽培季节 可春、秋两季栽培,福建、浙江等南方省份春栽在 4 月份播种,秋栽在 8 月份播种。北方可根据当地气候条件酌情安排。

(2)培养料配方及堆制 配方可选用 49%稻草、43%干牛粪、3%饼粉、0.7%尿素、1.7%石膏、1.7%过磷酸钙、0.9%石灰,或 70%稻草、15%干牛粪、12.5%棉籽壳、0.5%尿素、1%石膏、1%过磷酸钙等。采用二次发酵技术堆制。堆制时先将草料预湿,捞起后预堆 1~2 天;粪料打碎后用水湿润,预堆1~2 天,然后建堆发酵,其间共翻堆 3 次,分别间隔 3 天、3 天和 2 天。在前发酵最后一次翻堆后,当料温上升到 50℃~60℃,趁热搬运到室内床架上,通入蒸汽和通过火道将料温加至 60℃保持 10 小时,然后控温 48℃~52℃维持 3 天。发酵良好的培养料松软而有弹性,呈红棕色或咖啡色,无霉味、臭味、氨味,含水量 65%左右,pH 值为 7.2~7.5。

(3)栽培管理技术

①铺料播种:将培养料平铺于畦床上,料厚 20~22 厘米。降温至 28℃时即可接种。先压平料面,然后将菌种撒播于料面,压实打平,关闭门窗保温保湿,促菌种萌发。

②发菌:播种后 2~3 天,适当关闭门窗保持高湿,促进菌种萌发,3 天后当菌丝发白并向料上生长时,适当增加通风

量,促进菌丝整齐吃料,菇房湿度控制在80%左右。一般播后18~20天菌丝可发到床底。

③覆土:当菌丝生长到料层2/3时,开始覆土。覆土土粒不能太坚硬,要新鲜,不含肥料,并有良好保水、通气性能,用前需用敌敌畏、甲醛混合熏蒸消毒,覆土层厚3~4厘米。覆土后盖薄膜保温。

④出菇管理:覆土12天菌丝爬上土层后进行喷水,喷水量每次0.9~1.35千克/平方米。一般播后30天左右现蕾。床面以间歇喷水为主,轻喷为辅,坚持一潮菇喷1次大水,并处理好喷水、通风、保湿三者的关系。

⑤采收:当子实体长到标准大小,菌膜尚未破时及时采摘,按潮头菇稳采、密菇勤采、中间菇少留、潮尾菇速采的原则采收。采时应先向下稍压再旋转采下,避免伤及周围小菇。采后清除菇脚、死菇、老根,并及时补土,保持床面平整。

119. 怎样栽培大球盖菇?

目前在德国、波兰、美国等地,大球盖菇主要是在花园、果园采用阳畦进行粗放式的裸地或保护地栽培。我国1992年自欧洲引进菌种后,一些地方也在野外进行栽培试验。现简介如下:

(1)栽培场地　选温暖、避风、遮阳、地势较高、排水方便的场地作菇场,半遮荫的封闭式园林效果更佳。

(2)栽培原料　新鲜、足干的稻草、麦秸等作物秸秆均可用作栽培料,不必添加厩肥等有机肥料。草料用前必须浸透或彻底淋湿。

(3)建床播种　在果园林地空地建畦床,将浸湿的草料捞起,沥干,含水量以70%~75%为宜。将料平铺于畦床上,压平踏实,厚20～25厘米。分两层播种,一层播于中间,一层撒在料面,料面加盖稻草,上面再加薄膜等覆盖物保温保湿。

(4)**菇床管理** 播种后1个月左右,菌丝长透料层,取富含腐殖质的园林土作覆土材料覆盖床面。菇床既要防止雨淋,又要防止过干。一般在40～60天即可见菇蕾发生。出菇期应适量喷水。菇蕾发生至成熟一般需5～10天。菌膜未破,菌盖稍内卷时即可采收。

120. 怎样栽培榆耳?

榆耳是原产于我国东北地区榆树腐木上的野生食用菌,是传统出口土特产。由于野生资源有限,于1987年开始驯化。榆耳可用段木栽培,但从社会、经济及生态等方面的综合效益考虑,以提倡和推行代料栽培为宜。榆耳瓶栽、袋栽的技术要点如下:

(1)**培养料配制** 常用配方为78%棉籽壳、20%麦麸、1%蔗糖、1%石膏,料水比1:1.6～1.8。也可用玉米芯、木屑等作栽培原料。

(2)**装瓶灭菌** 用500毫升罐头瓶作栽培容器,料装至瓶口,不要装得过实,每瓶约装湿料270～280克,用聚丙烯塑料薄膜封口,按常规进行灭菌、接种,置23℃～26℃温室培养,约21～24天菌丝在瓶内长满。

(3)**出耳管理** 菌丝满瓶后1～2天,控制室温17℃～19℃,给予一定散射光,约经10天,在培养基表面出现原基。原基形成2天后,去掉封口薄膜,将室温降至14℃～16℃,以抑制耳片展开,促使原基继续分化。同时在室内喷水使相对湿度达90%,如果湿度达不到,可直接向原基喷水,但切忌过湿或瓶口有积水。当耳片长到3厘米大小时,室温应控制在

15℃～18℃,每天喷水 4～5 次,保持耳片湿润,并应注意随时排除瓶壁积水。从原基分化到子实体成熟,约 23～26 天。成熟的子实体由浅乳黄色变为浅粉红色,边缘变薄且卷曲,耳片仍富有弹性时即可采收。适时采收的瓶栽子实体,菌盖一般为 7～15 厘米,厚 1～2 厘米,个体单重 30～70 克。采用上述栽培原料也可进行袋栽,接种后置 23℃～26℃培养,40～45 天菌丝在袋内长满,当袋口有原基出现时,打开袋口,保持湿度 95%,并参照上述温度管理,从原基分化到子实体成熟,需 15～30 天,一个生产周期可出耳 2～4 潮。

121. 怎样栽培鲍鱼菇?

鲍鱼菇又称榕树平菇,是平菇属中一个适于高温季节生产,菌肉肥厚,风味较好,且耐贮藏的种。我国台湾省已大规模栽培。广东、福建等地正在大力发展。其栽培以熟料袋栽较为普遍。

(1)栽培季节 长江流域及其以南地区可在 4 月份接种栽培袋,5～7 月份出菇。北方地区可根据鲍鱼菇在 30℃左右能正常出菇的习性,合理安排栽培季节。

(2)栽培袋制作 培养料的主料应选含碳量较高的麦秸、棉籽壳、甘蔗渣、木屑等,麦麸、米糠等含氮量较高辅料的用量控制在 15%以下。调节培养料含水量至 65%～70%,装入 17 厘米×14 厘米塑料袋中,每袋装干料约 800 克,用塑料套环加棉塞封口。按常规方法灭菌、接种。然后置相对湿度 65%、温度 25℃左右的温室内培养。

(3)出菇管理 菌丝满袋或即将满袋,料面出现原基后,剪去袋口,竖立排放于床架或垒放于地面培养,控制室温 25℃～30℃,空气相对湿度 90%。幼菇生长期间,可适当增大光照强度,以促进菇体肥大,颜色加深。从现蕾到采收仅需6~7天,每一生产周期可收菇3~4潮,每潮间隔15天左右。

122. 怎样栽培榆黄蘑?

榆黄蘑又名金顶侧耳,是平菇属中风味较佳的1个种,可广泛利用作物秸秆和其他农林副产品进行栽培。72%碎玉米芯、24%玉米粉、4%石灰,或82%棉籽壳、10%麦麸、5%饼粉、1%石灰、1%过磷酸钙、1%石膏,或87%豆秸(3厘米长)、10%麦麸、2%石灰、1%石膏等配方均可选用,含水量60%~65%。原料处理可采用多种方法。生料法是将原料按配方配好加水拌匀,堆焖24小时备用。熟料法是将培养料常压灭菌100℃维持8小时。此外还可采用发酵料,即将培养料建堆发酵,料温达55℃维持2天翻堆,复堆后料温达55℃再维持2天,散堆拌匀补水至适宜含水量,再复堆1天即可。

(1)**露地畦栽法** 畦宽以70厘米为宜,深20~40厘米,长度不限,畦底整成约8厘米高的拱形面,铺料前在畦内灌足底水,并用5%石灰水喷淋消毒。将生料或经发酵等方法处理过的培养料铺在畦床上,每平方米铺料25千克,用层播法播种,菌种分三层播放,最后一层撒于料面,占菌种用量的50%。然后将料面整理成龟背形,在料面覆盖1层报纸,再加盖薄膜,上面搭盖草帘。播种后5~7天要检查菌丝生长情况,若发现杂菌污染或有烧料现象,要及时处理。菌丝在料内长透后,应在畦床上架设大棚或拱棚,上盖草帘遮阳,保温保湿,同时揭去料面报纸和薄膜,喷1次大水,刺激菌丝扭结出菇。约3天后,菇蕾大量发生,每天喷水2~3次,使相对湿度保持在90%左右,7~8天后,当菌盖边缘开始向上反卷即可采收。头潮菇采收后,清理畦面,密闭大棚3天养菌,再用重水催蕾,开始第二潮菇管理。一般可采 4～5 潮菇。

（2）**箱栽法**　用竹、木钉制统一标准的简易培养箱,深 25 厘米,大小可按便于搬动和管理的要求灵活掌握。采用熟料栽培时可铺塑料薄膜包裹培养料灭菌。熟料接种可采取打深孔穴播和料面撒播相结合的方法,接种量为料重的 12% 左右,料厚 22 厘米。生料、发酵料要先在箱内铺好薄膜,铺料 22 厘米。接种采取层播与打孔穴播相结合的办法,接种量 20%,接种后内折薄膜盖严,置 20℃ 左右温室培养。培养时可通过上下倒箱、通风换气、人工加温等措施,使料温维持在 20℃～25℃ 范围内。菌丝长透料层后,根据气候、栽培设施等方面的实际情况,可将培养箱移往保护地、室外荫棚、林地果园等处,因地制宜采取层架式、菌墙式（脱去箱筐垒成菌墙）、地面平放式等方法进行出菇管理。

123. 怎样栽培桃红平菇?

桃红平菇是平菇属中的一个高温型种,幼嫩时味道鲜美,抗杂菌力强,耐粗放管理,对开发稻草资源有一定价值。目前普遍采用生料袋栽法进行栽培。

（1）**栽培季节**　适宜在初夏和秋前栽培,生产周期短,从播种到采收结束仅 40 天左右,一个夏季可种 2～3 茬。

（2）**原料处理**　适宜用棉籽壳、稻草、油菜壳等进行栽培,棉籽壳栽培效果最佳。按每 100 千克棉籽壳,加多菌灵 200 克、石灰粉 2 千克、水 130～140 升,拌匀后堆制发酵 7 天,至堆内有白色放线菌菌丝出现,料呈棕色,用手捏有 3～4 滴水为度。

（3）**装袋接种**　用 40 厘米×20 厘米聚乙烯塑料袋装料,将筒的一端用回形针封口作袋底,先装培养料,共 3 层菌种 2

层料。装料要压紧,以免袋壁出菇,消耗养分。每袋装干料约500克,仍用回形针封口,并在袋壁用针刺微孔2行,使菌丝接触更多氧气,以加快发菌速度。

(4)**上堆发菌** 夏季堆放以3～4层,初夏或夏末可堆放5～6层,呈"品"字形堆放。菇房温度控制在35℃,每天上、下午各通风换气1次。一般9～12天菌丝长透。

(5)**开袋出菇** 菌丝长满后及时打开菌袋,每天在地面喷水数次,使相对湿度达90%以上,并加强光照及通风量,2～3天后两端袋口出现大量红色原基,再过3天即可采收。干燥1～2天后,在袋口喷一次大水催蕾。出第二潮菇后,由于料内失水,需脱袋浸水8～12小时,再横卧堆放5～6层,并用干稠泥浆覆盖四周,厚0.1～1厘米,经3～4天即有菇蕾发生。

124. 怎样栽培大榆蘑?

大榆蘑的正式中文名为榆干离褶伞,俗称对子蘑,是我国长白山区著名野生食用菌。此菌菌肉肥厚,香味浓郁,形态与口味都与产于日本的著名食用菌丛生离褶伞相似,较受消费者欢迎。大榆蘑用瓶栽或袋栽均可进行栽培。

(1)**瓶栽** 培养料配方为78%阔叶树木屑、20%米糠、1%蔗糖、1%石膏,按常规方法装瓶、灭菌。待瓶内料温冷却后接种,置20℃～27℃培养,约40～50天菌丝在瓶内长满,再经10～15天培养,菌丝出现扭结。此时应进行搔菌,揭去表面菌膜,再塞上棉塞,在室温15℃～24℃、相对湿度70%条件下,10～15天即出现形似针尖的原基。再经10～15天形成幼小菌盖,呈大头针状,4～5天后,菌柄迅速增长加粗,菌盖长大,子实体成熟。从原基出现到子实体成熟,约需25天。采收第一潮菇后,养菌数日,可形成新的原基。

（2）袋栽 袋栽方法与平菇栽培相同。灭菌接种后经45～50天培养，菌丝在袋内长满，在菌丝体表面形成针状菌蕾，此时在袋的四周开小孔，菌蕾从裂口长出，形成长柄，参照上述管理条件，很快形成菌盖，待菌盖展开并散发香气时采收。

125. 怎样栽培虎奶菇？

虎奶菇属侧耳属，是一种菌核和子实体均可食用并兼具药疗价值的食用菌。据福建三明真菌研究所等单位的驯化栽培研究，虎奶菇的栽培方法大致如下：

（1）培养料配方 78％杂木屑、20％麦麸、1％蔗糖、1％碳酸钙，或39％杂木屑、49％棉籽壳、10％麦麸、1％蔗糖、1％碳酸钙配方均可，含水量60％～65％，pH值自然。

（2）栽培袋制作 按配方称料，加水拌匀，装入塑料袋中，袋口套环加塞，按常规灭菌，冷后袋口接种，移入培养室培养。

（3）菌核生成期管理 菌丝生长的最适温度为30℃～35℃，因此，夏秋可利用自然气温培养，冬春应适当加温，培养30～45天，洁白菌丝长满培养料，菌丝逐渐在料的上方或中部开始集结，形成虎核。随着菌核长大，当其快顶破塑料袋时，脱去套环，拔除棉塞，松开袋口。4个月后菌核可长大至重120～250克。与其他常见栽培食用菌相比，虎奶菇的栽培管理十分简单，完全不必喷水，菌核的采收也不必在很短的时间内突击完成，因为菌核在袋中存放十天半月不会腐烂变质。

（4）采收 当袋内培养料剧烈收缩、出水、变软，菌核不继续长大时，就可以陆续采收。鲜菌核的收得率大约是培养料干重的30％。菌核采收后，用水洗净，也可以把菌核表面的木屑培养基表皮一齐刨掉，然后整个或切成薄片（1～2毫米），晒干或风干，也可以在烘干机中烘干。

采收后的菌核,经风干或藏于湿沙中,春末夏初先把菌核浸于清水中,待吸足水分,置于沙床之上,可以陆续产生子实体。

126. 怎样栽培金耳?

金耳又名橙黄银耳、黄金银耳、脑耳等,是一种名贵的食药兼用菌。在自然界金耳以金耳菌丝与革菌的不孕菌丝所组成的共生体的形式存在。因此,在栽培时必须首先用野生或人工栽培的尚未开瓣的幼耳为材料,用组织分离法分离获得金耳与其伴生菌的混合纯种。金耳可用段木栽培,也可广泛利用各种阔叶树木屑、棉籽壳、玉米芯等原料进行代料栽培。现将其瓶栽和袋栽方法简介如下:

(1)瓶栽法

①培养料配制及接种:选用78%杂木屑、20%米糠、1%蔗糖、1%石膏,或70%棉籽壳、15%麦麸、15%玉米粉,或68%碎玉米芯、30%米糠、2%石膏等配方。加适量水拌匀,装入500毫升广口瓶中,料压实后至瓶肩处,整平料面,在中央打1个孔径1.2厘米、深1.5厘米的接种孔,用薄膜及牛皮纸封口,按常规灭菌后,在无菌操作下,取栽培种瓶内1小块金耳子实体及其下方的1小块菌丝块一并投入接种孔中。

②发菌管理:接种后置于22℃~25℃温室内上架培养,保持室内空气流通,经20~25天,菌丝在瓶内长满。在菌丝满瓶后10天左右,料面产生白色间杂橙黄色菌膜,并有黄色分泌物,在接种块上很快形成脑状子实体原基。将瓶口覆盖物升高2厘米左右,以增加氧气供应。随着原基进一步增大,揭去瓶口覆盖物,换上高约5厘米的纸套筒,筒壁上可适当留几个通气孔,然后向纸套筒喷水保持湿润。此时室温应维持在18~

24℃之间,不宜过高。

③出耳管理:当瓶内子实体长到4～5厘米大小时,可将套筒再次升高,使幼耳在静风、多氧、适湿(80%～85%)、适温(18℃～24℃)的稳定环境下分化长大。子实体长到瓶口大小时,去掉套筒,在地面、空中每天喷水2～3次,使相对湿度达90%,并开大门窗,加强通风量和光照度,在散射光作用下加速转色。当子实体充分展开呈脑状,色泽为橙黄(或橙红色),触时颇富弹性时,即可用小刀伸入瓶内沿耳基割下,并应注意在料面保留部分耳基,在采割后重新罩上纸套筒,按前述方法管理,15天后可再收一潮耳。

(2)袋栽法

①栽培袋制作:培养料配方与瓶栽所用配方相同.将培养料装入12厘米×46厘米塑料袋中,两端袋口均用线扎紧,用火焰融封。将料袋拍成扁形,然后在袋的一端刺小孔,用胶布贴封,以免灭菌时胀破料袋。按常规灭菌后,在同一平面打4个接种孔,每孔同时接入金耳组织块和菌丝块,胶布封口。

②发菌管理:接种后菌袋堆放在床架上发菌,室温控制在22℃～25℃,空气相对湿度60%左右。每天通风2次,每次半小时,3天后菌丝普遍萌发。10天左右全面检查菌种成活情况,并注意适时降低堆高和增加菌袋间距离,防止烧菌。15天后,接种孔菌丝互相连接,接种孔处出现隆起,预示原基开始形成。

③出耳管理:原基形成后,室温不变,相对湿度提高到80%,增加通风量。进入原基分化阶段后,将菌袋散开平放于架上或地面,并将胶布在中间隆起增氧,同时在菌袋上加盖报纸,喷水保湿。此时若出现28℃以上高温,应及时吹干接种孔边的黄水分泌物,以免引起杂菌污染。随着脑状原基逐渐增

大,应及时切割除去接种穴周围薄膜,使孔径增大到 3～4 厘米。扩孔后幼耳生长很快,相对湿度应保持 85%～90%。当子实体直径达 8～10 厘米时,相对湿度应提高至 95%,并充分给予散射光。当子实体完全展开,耳片呈淡黄色或金黄色并富有弹性时,即可用小刀平贴袋面割下。采收后停止喷水 3 天,待耳基突起又开始恢复生长时,继续按前法进行再生耳出耳管理。

127. 如何安排食用菌多品种立体套种?

食用菌多品种立体套种是一种在一定期间内,将不同的食用菌组合起来,在同一空间内立体式地进行栽培的方法,运用得当,可增加土地、设施的利用率,提高综合经济效益。根据近年的实践经验,实行立体套种时应注意下述问题:

(1)选择适宜的搭配品种 投入立体栽培的品种,要在栽培时间、空间、出菇温型等方面有较好的互补性和可协调性。例如,选择黑木耳、猴头菌、竹荪、香菇等 4 种食用菌进行立体栽培,就是基于在空间上,黑木耳和猴头菌可空中吊栽,竹荪和香菇可地上畦栽;在时间上,黑木耳和竹荪可秋季收获,猴头菌和香菇可冬春出菇。在选好搭配的种类之后,还要注意品种的搭配,在上述立体栽培组合中,竹荪和黑木耳宜选偏高温型的品种,例如黑木耳选能在较高温度出耳的大光木耳或紫木耳,而香菇和猴头菌可选偏中低温型的品种。

(2)合理安排茬口 合理安排茬口,保证每种食用菌都尽可能能适时收、种,是立体栽培成功的关键之一。在上述 4 种食用菌立体栽培中,竹荪栽培在 4 月中旬至 5 月中旬完成播种,5 月中下旬,棚架空间吊袋栽培紫木耳或大光木耳,并进行适当水分管理;10～11 月份,竹荪出菇期结束,去掉竹片弓条,放下薄膜,香菇菌筒脱袋下田排放,进行出菇管理;黑木耳收摘完成后及时取下,11月份可进行猴头菇的吊袋管理出菇。整个安排如下图所示:

(3)要配置必要的设施 要实现立体栽培,就不能仅仅靠地面畦床,而必须配备一些与空中栽培相配套的设施,如菇棚、层架以及适宜的吊袋、喷水设施等。

此外,在管理上,立体栽培必须以求得最佳整体效益为出发点。因此,要注意统筹兼顾,不可对某一品种照顾有加,对另一品种又过于忽视。同时,在涉及某一品种的关键增产环节时,又必须在管理上有所侧重。还应注意在前一茬菇的栽培结束时,一定要及时清理场地,打扫卫生,清除污染源,为后一茬菇的生产创造良好条件。

128. 如何安排菇粮轮作、间作?

菇粮轮作、间作是一种将菇类栽培与粮食生产有机结合起来,争取菇粮生产双丰收,促进农业生态良性循环的新型栽培模式。现将合理安排菇粮轮作、间作的要点介绍如下:

(1)栽培模式 近年我国南北各地广泛试验,探索过多种多样菇粮轮作、间作模式。包括早稻-蘑菇-晚稻轮作,春小麦-中稻-蘑菇轮作,单季稻-香菇轮作,单季稻套种平菇,小麦套种平菇,小麦套种香菇,中稻套种黑木耳,玉米套种香菇,玉米套种平菇等。

（2）配套管理要点

①选择适宜配套品种：例如采用稻菇两熟制，在海拔较高的地区，应选生育期较短的单季稻品种；在海拔较低地区，应选生育期中、长的单季稻品种；香菇则可选用中温型品种或中低温型品种；在中稻套种黑木耳的模式中，黑木耳宜选较耐高温的品种，水稻宜用中、晚熟种。

②选择适宜的套种起始期和结束期：在中稻田套种黑木耳，一般在分蘖末期至始穗期，以免影响水稻产量。在单季稻-香菇轮作栽培中，香菇的生产结束期不迟于 6 月 20 日，以保证水稻移栽不误农时。

③防治病虫要合理用药：在菇类套放进田之前，如必要可全面治虫 1 次，以减少菇体沾附农药的机会。在菇类收获期如作物病虫害严重，应突击采收后再及时施药防治。

④适当控制菇类管理作业次数：在水稻扬花灌浆等决定收成的关键时期，应尽量减少菇类管理的作业次数，以免影响作物产量。

⑤水分管理要菇粮兼顾：在菌袋套放入田后，水稻田的水分管理应尽可能采用勤灌勤放、日灌夜排等方法，以保证在满足作物需水的同时，菇类也能正常发育。

⑥菌糠还田：菇类栽培结束后的废料，即菇农俗称的菌糠，可及时翻耕还田，既可减少下一茬菇的病虫危害，又可增加土壤肥力。

129. 如何安排菇菜间作？

菇菜间作是食用菌与农作物组合栽培的另一种模式。其具体栽培模式及配套管理要点如下：

（1）栽培模式 菇菜间作的模式也很多。例如蔬菜平菇间作(包括秋黄瓜、秋菜豆、秋豇豆等秋菜与平菇的间作,以及番茄、茄子、黄瓜等初夏菜与平菇的间作),菜豆套种毛木耳,菇豆瓜双季立体栽培(由秋季平菇阳畦栽培及夏季瓜豆棚下套种高温平菇组成)平菇、鸡腿蘑、毛木耳、黄瓜的日光温室间作等。

(2)配套管理要点

①选择适于菇菜间作的蔬菜品种:能形成足够的荫蔽度,可有效调节菇畦温、湿度的蔬菜品种才适于菇菜间作。它们大体可分为两类,一类是大棵蔬菜如茄子、番茄、秋大白菜等;另一类是高架蔬菜,如黄瓜、菜豆、豇豆等。相对而言,高架蔬菜的效果更好。

②蔬菜熟性、菇类温型要合理搭配:例如在夏季菇豆瓜套种模式中,瓜类选用早熟短丝瓜与中熟长丝瓜搭配栽培,豆类以中熟的白扁豆与晚熟的红扁豆间作,全程遮荫程度均较为理想。平菇前期、后期分别选用高温型和中高温型品种,可分别在盛夏和夏末顺利出菇。

③密度要适宜:在菇、菜间作的条件下,蔬菜的栽种要以兼顾蔬菜丰收和为菇类遮荫为着眼点,确定合适的密度。

④菜垄的布局要与排袋方式相适应:菇类在田间的排放方式有平面的畦床式和立体的菌墙式等等,间作菜垄要与此相适应进行合理布局。

⑤慎用农药:菇类和蔬菜均为采收至食用间隔时间很短的作物,在栽培时尤其是收获期应避免使用化学农药。

130. 如何安排菇类与经济作物间作?

像菇粮间作、菇菜间作一样,近年菇类与经济作物的间作栽培也有较快发展。现简介如下:

（1）栽培模式　菇类与经济作物间作栽培的模式也不少。诸如油菜、蘑菇间作，油菜、毛木耳间作，黄豆、平菇间作，蔗田套种蘑菇，蔗田棚栽香菇等等。

（2）配套管理要点　菇粮间作、菇菜间作配套管理中的若干基本原则也适用于菇类与经济作物间作。例如，在菇类与经济作物间作中，同样需综合考虑菇类和经济作物两方面的特点，作好品种搭配。如在油菜、蘑菇间作时，油菜宜选中熟或中晚熟、长势旺、分枝高、秆硬、抗倒伏、抗病力强的品种，蘑菇宜选抗逆性强、抗病虫害、适宜露地栽培的品种；在黄豆间作平菇时，黄豆宜选株型紧凑、株高近 1 米、耐肥抗倒伏、不吐蔓、春播生育期在 110 天左右的品种，平菇则宜用高温型或广温型品种。在菇类与经济作物间作中，密度适宜，布局合理等有利于菇类、作物双丰收的措施，也必须加以考虑。当然，有些经济作物有与一般粮食、蔬菜不同的特点，可因地制宜地在间作栽培中加以利用。利用甘蔗高大、坚实的茎秆搭盖简易荫棚栽培蘑菇、香菇就是一例。

131. 如何安排菇林间作？

菇林间作是食用菌与作物组合栽培的另一种形式，与菇粮、菇菜等搭配不同的是，在菇林间作中组合栽培的对象不是个体较小的草本植物，而是植株比较高大的木本植物。菇林间作的组合模式及配套管理要点如下：

（1）栽培模式　菇林间作栽培中，间作的地点最常见的是果园，如桃园、柑橘园、枇杷园、葡萄园等。在果园中间作的食用菌的种类也不只 1 种，常见者如鸡腿蘑、蘑菇、平菇、榆黄蘑、黑木耳、香菇、大球盖菇等。此外，在热带、亚热带的橡胶园内间作草菇，在南北各地条件适宜的各种林地栽培平菇也较普遍。

（2）配套栽培管理要点

①荫蔽度要适宜：无论是果园还是林地，要间作食用菌，都必须有适宜的荫蔽度，应综合考虑林地地势、通风及食用菌种类、栽培方式等选择适宜的地点，一般以郁闭度在 0.6～0.8 之间为宜。

②采用抗逆性较强的品种：果园、林地间作地带空间较大，天气变化时，温度、空气湿度等环境因子的变化也很大，因此，更要选用适应性强、抗逆性强的品种。

③配置简易荫棚等辅助设施：根据实际情况，必要时可在林地食用菌畦床上搭建简易荫棚，以便通过增减棚上遮盖物、揭闭棚边薄膜等措施，更有效地调节温度、湿度、光照等环境因子。

④搞好清沟排渍：遇有大雨或连续阴雨时，应及时做好林地食用菌畦床的清沟排渍工作，防止菌筒浸水霉烂。

⑤加强喷水管理：林地间作条件下，水分蒸发较快，一般从第二潮菇开始，菇体长大所需大量水分必须靠外界补充。因此，必须适时增加喷水次数，增大喷水量，必要时还需采取菌筒浸水等措施。

132. 为什么长期使用的老菇房易受杂菌污染？

许多菇农都曾有过这样的经历，当他们经过短期培训，了解了食用菌的一些基本知识，初步掌握了食用菌的栽培技术之后，在一个新的菇场里开始第一次栽培食用菌时，往往很顺利。可是经过三五年，当他们自认为栽培经验大大丰富之后，如果一成不变地在原来的场所进行栽培，往往会在某一茬菇的栽培过程中，突然遭受严重的甚至是毁灭性的杂菌污染。这时,他们会疑惑地问:为什么初试身手能一举成功,种了多年菇,成了老把式之后,反而会遭受重挫呢?

出现这种情况,原因可能不只一种。其中包括人们经过几次成功之后,认为食用菌栽培再简单不过,思想上放松了对食用菌栽培的大敌——杂菌的警惕,对灭菌、接种等关键环节都变得马虎起来。不过,一个更基本的原因在于菇房由新变老之后,环境的有害微生物群体的数量发生了根本性的变化。在一间新菇房里,周围环境中杂菌孢子的基数很低。随着年复一年的栽培,适宜于在食用菌培养料上生长繁殖的各种杂菌的数量有了成千上万倍的增加。在这种情况下,如果从种到收的许多防止杂菌污染的环节稍一松懈,就很容易出现杂菌趁虚而入,生产严重受损的局面。

为了防止在老菇房里多年栽培后可能出现的杂菌暴发性污染,一是有条件时,在一间老菇房生产一年后更换一处新的栽培场所;二是在一个生产周期完成后的间隙时期里,对老菇房进行彻底的、全方位的、多种形式(擦洗、喷雾、熏蒸等)的消毒处理;三是在老菇房进行栽培时,思想上必须把无菌培养这根弦绷得更紧,扎扎实实做好日常的每一样防杂工作。

133. 木腐菌代料栽培中有哪些常见杂菌?哪些药物的防治效果较好?

木腐菌代料栽培中杂菌的种类很多,包括细菌、酵母菌和霉菌等等。但比较而言,最常见而危害严重的还是下述五类(其中每一类都有若干不同的种)霉菌。

(1)**毛霉和根霉** 毛霉菌落初期多为白色,老后变为黄色、灰色或褐色。根霉初期白色,老熟后变为褐色或黑色。毛霉和根霉外观形态上很相似,均为疏松的棉絮状菌落,生长迅速。菇农常称为长毛菌。

（2）**曲霉**　菌落绒状、厚毡状或絮状,有的略带皱纹。种类很多,颜色多种多样,最常见的是黄色、褐色、黑色、绿色。

（3）**青霉**　种类也很多,不同的种菌落可呈现绒状、絮状、绳状、束状等形状。菌落颜色多为灰绿色。

（4）**链孢霉**　菌落最初白色、粉粒状,很快变为淡黄色、绒毛状。老熟菌落上层覆盖团块状的橘红色分生孢子。

（5）**木霉**　包括绿色木霉、康氏木霉等几个不同的种,其中以绿色木霉较为常见,绿色木霉的产孢丛束区常排列成同心轮纹,深黄绿色至深蓝绿色。

食用菌生产中常用于拌料的药剂多菌灵(包括结构与多菌灵相似,且最终以多菌灵形式起抑菌作用的苯菌灵、甲基托布津)以及涕必灵等杀菌剂,都对木霉、链孢霉、青霉、曲霉等杂菌有良好抑制效果。不过,美国、加拿大等国已禁止将多菌灵作拌料药物使用,为保证人体安全起见,我国各地将多菌灵拌料作为常规程序的做法应当停止。在食用菌书刊中提及较多的杀菌剂克霉灵,对上述杂菌的抑菌效果各地报道的结果出入较大,是否与不同厂家的产品的质量不同有关,值得注意。常见杀菌剂中,对长毛菌,尤其是根霉抑菌效果显著的极为少见。多菌灵对华根霉的最低抑菌浓度＞500微克/毫升,而代森锌的最低抑菌浓度为125微克/毫升,效果略好。据报道,中国农科院生防室研究的农抗120,福建微生物研究所研制的S-921,S-312等生物农药对食用菌生产中的常见霉菌有良好抑菌效果。何时批量投产及大规模应用的效果如何,值得关注。

134. 如何进行食用菌病害的综合防治？

这里所说的病害，是一个广义的概念，包括大量并不一定直接使食用菌致病而是与食用菌处在竞争状态的杂菌在内。要搞好食用菌病害、杂菌的综合防治，必须注意下述问题：

（1）牢固树立预防为主，防重于治的概念　与高等农作物相比，食用菌病害、杂菌的防治要更加注重于预防为主，防重于治。这是因为食用菌是一种收后不久即供食用，因此，更不宜采用施农药的办法来防治病害。许多病原菌尤其是大量的竞争性杂菌，通常是犬牙交错地与食用菌菌丝交织缠绕在培养料里，从根本上说，这些杂菌是无法靠施药彻底铲除的。

（2）搞好环境卫生　菇房、菌种厂应远离仓库、饲养房。接种室、培养室要定期打扫，彻底消毒。发现有污染的菌种立即妥善处理，切勿随手乱丢。培养料出房前最好能通蒸汽消毒，或用药剂消毒，或运往田间还田。培养料进房前菇房及菇床床架要用漂白粉、甲醛等消毒。发现病菇后及时除去，采下的病菇要烧毁或深埋，不可丢在菇房边。

（3）提高栽培管理技术水平　接种时应严格按照无菌操作规则，提高成品率，既可降低成本，又可减少病源。培养料要选用新鲜无霉变的原料，配比要合理，按要求堆制。堆制成功的培养料几乎不带病毒。根据食用菌特性合理管理。

（4）药剂防治　必须尽可能将化学农药的使用降低到最低限度。需要使用时也要选用高效、低毒、低残留的药剂，既要对病菌有效，又不能伤害食用菌，在子实体内的残留不能超过限量，要掌握防治适期。

（5）生物防治　由于食用菌栽培周期短，用生物防治的方法困难较大。目前已有少量有关用生物农药防治蘑菇细菌性斑点病和蘑菇线虫的报道,但实际推广应用还有待进一步研究。

135. 如何进行食用菌害虫的综合防治?

危害食用菌的害虫种类甚多。常见而且发生较重的有昆虫纲的眼菌蚊、瘿蚊、粪蚊、蚤蝇、大蚊、果蝇、厩腐蝇、家蝇、多种甲虫、谷蛾、螟蛾、夜蛾、白蚁等多种害虫,蛛形纲中的兰氏布伦螨、矩形拟矮螨、镰孢穗螨、费氏穗螨、木耳卢西螨及软体动物的蛞蝓等等。对食用菌害虫的防治,也要采取以防为主,防重于治,防治结合的综合防治措施。

(1)预防措施

①菌种期:菌种厂的接种室、培养室要远离仓库、饲养场,其周围严禁堆放食用菌废料,搞好环境卫生,防止虫螨进入菌种瓶。用保菇粉、螨虫灵粉每 500 克可撒 2 000 瓶菌种,防效可达 1～2 个月,可保证菌种无虫、螨。

②栽培期:食用菌废料要及时处理,最好的处理方法是把废料晒干作燃料,也可还田作基肥,最大限度减少虫源。栽培区及房间在播种前要彻底扫除,用杀虫剂预先灭虫,菇房的门窗通风口要装 60 目的纱网,防止害虫迁入。蘑菇料要进行后发酵,其他菇生料栽培也要发酵才能杀死料中害虫。

③贮藏期:库房要清洁、无虫,相对湿度要保持 50%～55%,干菇的含水量不能超过 13%。

(2)防治措施 由于食用菌栽培期短,短期内有时发生虫害,用药剂防治害虫很有必要,但在药剂防治上必须掌握以下四点:第一要选择高效低毒的农药,如 25%菊乐合酯、50%马拉松、保菇粉。第二要选择好防治适期,如 25%菊乐合酯 1：1 000 倍液拌覆土或在调水前喷雾,效果比在调水后喷雾高

90%。因此,害虫防治宜早,要治初次虫源。第三要注意药害,如菊乐合酯对蘑菇不产生药害,但用在平菇上却会造成菇体畸形。第四在菇房门窗、走道墙壁可用辛硫磷、喹硫磷1∶2 000～5 000倍液喷雾,杀灭环境中的害虫。此外,鳞翅目害虫可用1∶1 000倍液的敌百虫防治,白蚁可用灭蚊灵制成毒饵诱杀。蛞蝓可用砷酸钙饼粉(1∶10)制成毒饵每1 000平方米施7.5千克诱杀。

136. 在食用菌生产中如何正确使用各种消毒剂?

消毒剂的种类很多,但在食用菌生产中常用的消毒剂只不过十来种。要正确使用消毒剂,一要了解消毒剂的主要性状,包括作用对象;二要知道适宜的使用浓度;三要掌握正确的使用方法。现将常用消毒剂的使用方法列于表7。

20世纪90年代以来,一些地方的厂家还陆续推出了多种熏蒸或喷雾消毒剂。各地可选正规厂家的产品,试用确认效果后使用。

表7　常用消毒剂的使用方法

名　称	主要性状	浓　度	用　法
石炭酸来苏儿	杀菌力强,有特殊气味,对皮肤有刺激性	3%～5%	器具擦洗或喷雾5%
乙　醇	消毒力不强,对芽孢无效	70%～75%	皮肤、用具表面消毒
福尔马林	挥发性强,对眼睛及粘膜刺激性很强	40%(甲醛)	加热或加半量高锰酸钾密闭熏蒸
新洁尔灭	易溶于水,刺激性小,稳定,对芽孢无效,遇肥皂或合成洗涤剂作用减弱	0.1%	皮肤消毒,用具洗涤

名　称	主要性状	浓　度	用　法
度米芬 (消毒灵)	稳定,易溶于水,遇肥皂 或合成洗涤剂效果减弱	0.1%	皮肤消毒,用具洗涤
升　汞	杀菌作用强,剧毒	0.05%～0.1%	器皿表面消毒,渐已 少用
高锰酸钾	强氧化剂,稳定	0.1%	皮肤、用具消毒
过氧乙酸	应随配随用	0.2%～0.5%	表面消毒,空气消毒 (0.5%喷雾)
漂白粉	白色粉末,有效氯易挥 发,刺激皮肤,易潮解	10%～20% 乳 液,亦可放 24 小时后取上清 液用	乳液地面、废料消 毒,空气消毒(1%上 清液喷雾)
漂粉精	白色结晶,有氯味,含氯 较稳定	0.5%～1.5%	地面、墙壁消毒

137. 在食用菌栽培中如何合理使用生长调节剂?

生长调节剂是一类对作物生长具有刺激、调节作用的人工合成有机化合物,多为激素类物质,所以也称为植物激素。生长调节剂具有用量小,活性强(常用量仅 10～30 毫克/千克),见效快,持效期长(一般可达 3 周以上),适用范围广等特点,使用较为安全,即对人、畜无毒或毒性极低。在食用菌上已有不同程度应用的调节剂有萘乙酸、三十烷醇、2,4-D、比久、乙烯利、赤霉素、激动素等。食用菌栽培中使用生长调节剂应注意如下问题：

（1）**慎用生长调节剂**　随着社会的进步及人们对健康的关注程度愈来愈高，人们对抗生素、激素一类物质在动、植物食品生产过程中的使用，日益持谨慎态度。在食品中因抗生素、激素超标而遭封杀的事件逐渐增多。因此，虽然生长调节剂对人无毒或毒性极低，在使用上仍应持慎重态度，不要盲目提倡、推广使用。

（2）**注重实效**　使用生长调节剂后，如果鲜菇产量虽有所增加，但干重的增加并不明显，或者虽然产量增加但包括风味在内的质量指标反而下降，使用的实效就可能并不理想。总之，生长调节剂的使用是要达到提高效益、增加收入的效果。

（3）**先试后用**　从已有的生长调节剂在食用菌栽培中应用的报道看，各地结果不一致的情况比较常见。因此，在普遍使用之前，对用哪种生长调节剂，用哪个厂家的产品，是单一使用还是两种以上配合使用，使用浓度和时间等问题最好先进行试验，做到心中有数。

（4）**注意使用方法**　生长调节剂有的是水溶性的，有的是非水溶性的，有的可浸泡使用，有的可喷雾使用，有的与某种物质混用会减效或失效等等。使用时应根据产品说明书或有关资料的介绍，给予恰当的处置。

138. 怎样用菌糠栽培食用菌？

食用菌栽培结束后剩下的废料，俗称菌糠，经过适当处理后，可重新用于食用菌的栽培。与用菌糠进行第二次栽培有关的几个问题是：

（1）**菌糠的种类**　实践表明，可用于第二次栽培的菌糠，多为种过平菇、金针菇、香菇等木腐菌的菌糠。木腐菌在生长发育过程中，较多地利用木质素及一部分半纤维素，菌糠中所剩纤维素的含量相对较高，可再次利用，尤其适于用来栽培以纤维素为主要碳源的蘑菇、草菇等草腐菌。

（2）菌糠的处理 用于第二次栽培之前，菌糠必须经过剔除杂菌污染严重的废料、粉碎、曝晒、加石灰消毒、堆制发酵等多方面的预处理，以便将菌糠中病菌害虫等有害生物的数量降到最低程度。

（3）补充营养 单靠菌糠中所制的营养，无法满足新栽培菇类的营养需求，因此，重新配制培养基时，必须加入足量新鲜、营养丰富的原料，如棉籽壳、麦麸、尿素、畜粪、过磷酸钙等。

139. 怎样用菌糠作饲料？

栽培食用菌的废料中，粗纤维大约降解了 1/2，木质素大约降解 1/3。由于增加了大量菌体蛋白，粗蛋白的含量成倍增加。因此，经过适当处理后，菌糠可用作饲料。处理的方法因菌糠种类的不同而有所不同。蘑菇堆肥菌糠应剔除覆土，选菌丝浓密，有浓厚蘑菇香味的培养料，晒干、粉碎后，取菌糠 $50\%\sim70\%$，加入米糠 $30\%\sim50\%$，加适量水（手握料指缝见水而不滴水）拌匀，装入缸中，稍压实，经 $1\sim2$ 天发酵，有酒香味时即可喂猪。栽培平菇、金针菇的棉籽壳废料，晒干粉碎后，可用 15% 的比例掺入奶牛饲料中。香菇木屑菌糠经晒干粉碎后可代替猪饲料中的统糠，加入量可占 $15\%\sim20\%$。用稻草、麦麸、稻壳、玉米芯等纤维材料栽培平菇、凤尾菇之后的菌糠，可以 $20\%\sim30\%$ 的比例与其他饲料配合养猪。

140. 怎样用菌糠作有机肥料？

据分析，菌糠中除全磷量略低外，全氮、全钙的含量均显著高于一般农家堆肥，而且菌糠中的养分处于速效状态，易为作物吸收利用。此外，在农田中施用菌糠肥料，不但可以提高土壤肥力，还有助于改善土壤理化性状，改善团粒结构，增强土壤持水力和通透性，因而具有多方面的积极作用。将菌糠作有机肥施用的方法也很简单。通常每1000平方米施用量为4 500～7 500千克，与农家堆肥一并翻耕入田，作基肥使用。

三、食用菌的保鲜加工

141. 怎样利用冰窖保藏平菇？

冰窖是采用人工降温方法，获得蔬菜安全贮藏所需低温的一种传统冷藏设施，对平菇等菇类的保鲜也同样适用。

简易冰窖可采用北方常用的地下式棚窖（图23）。建窖时，可根据气候、土质、建筑材料、贮藏规模等挖成大小适宜的长方形坑池。入土深度一般要求达3米左右，宽3米以内，长度一般10米左右。秸秆、泥土层厚度因气候条件而定，一般北京地区在25厘米左右，沈阳地区在40厘米左右，更北的地区可加厚到50厘米，以保证窖内温度适宜，贮藏的平菇不受冻为宜。棚顶要留天窗，作为进出和通风散热通道。天窗数量和大小根据实际情况灵活掌握，通常为50～70厘米见方，沿窖的长向每3～4米开挖1扇。

冰窖贮藏保鲜适于黄河以北广大北方地区使用。冬季采

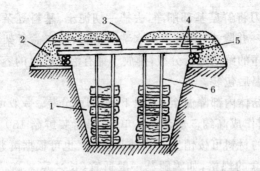

图 23　地下式棚窖

1. 贮藏物　**2.** 覆土　**3.** 天窗　**4.** 秸秆　**5.** 横架　**6.** 支柱

集天然冰贮于窖内,使用前将冰块分散放于窖底和四壁。将平菇分装于聚乙烯薄膜袋中,再放入衬有聚乙烯薄膜的藤箱内,然后再在箱内分层置放冰块。在贮藏过程中,要注意补充冰的消耗,并及时排除融化的冰水。

142. 怎样进行菇类的低温保鲜加工?

低温保鲜加工的基本程序为:鲜菇采收→低温整理→降温包装→装箱运输→进入超市。

在采收前一天停止喷水,使菇体保持自然而挺拔的状态。按各种菇类的采收标准适时采收后,将鲜菇整齐排放在小型矮装容器内,并尽快送往低温车间进行整理。容器体积长×宽×高为 40 厘米×28 厘米×16 厘米,其形状如周转箱,底部实板,四周预设直径约 2～3 厘米左右的圆孔,底下四角均有内缩插接角块,以便于码高多层。鲜菇采收时顺头排放,不使头尾相接,以免造成污染。低温车间内温度为 1℃～3℃,连同其他包装容器均存放于车间内,以使彻底降温。鲜菇成箱搬入车间后分开摆放,以便菇体充分降温。整理时,先用不锈钢刀或竹片刀将鲜菇基部削净,去掉一切泥土、基料等杂物,鳞片多时应一并除去,一般不用水洗,否则缩短产品货架寿命,随即将干净的鲜菇进行分级,排放于铺有泡沫软衬的容器内,待充分降温后包装。

待菇体内部降温至 3℃ 以下时,即可分装。一般可仿饭盒样式,制作成高约 5 厘米左右单盒,每盒装鲜菇 150 克左右。包装盒的材料可按销售商的要求选定。也可根据鲜菇品种确定包装盒的规格,如鸡腿菇一般适宜(长×宽×高,下同)16 厘米×10 厘米×4 厘米规格的包装,姬松茸则适宜 15 厘米×10 厘米×6 厘米规格,真姬菇、杨树菇等则适宜 16 厘米×8 厘米×4 厘米规格。并根据鲜菇形态及规格大小确定排放方式。然后封包保鲜膜。将小包装盒再放入泡沫保鲜箱内,透明胶带封口即成。根据运输距离及运输工具等,既可直接运输保鲜箱,亦可装入集装箱发运。由于保鲜箱保温效果好,箱内盒式包装又经低温处理,故在 5~12 小时内不会因升温而使鲜菇降质。其中鸡腿菇及草菇等保鲜难度最大,但在 5 小时内亦不会出现降质问题。进入超市后,应将小包装放入低温展示柜中进行销售。一般货架寿命可达 2~10 天。长途运输应采用冰块降温或冷藏车运输等方法,在 1℃~3℃ 条件下,鲜菇经长途运输后,仍能保持原有色泽及形态。

143. 用塑料袋密封包装进行菇类的短期保鲜要注意什么问题?

用塑料袋密封包装进行菇类保鲜,方法简便易行,只需将符合市场要求的鲜菇放入适当大小的塑料袋中熔封袋口,然后在低温或干燥冷凉处存放即可。不过,国内外的研究表明,塑料袋密封保鲜虽然方法简单,却仍有值得研究和加以改进之处。

(1)塑料袋要有足够的厚度 日本研究者以香菇为材料的研究表明,在 0.02~0.08 毫米范围内,塑料袋越厚,保鲜时间越长。国内研究者保藏金针菇的结果证明,目前广泛使用的厚度为 0.015 毫米的聚乙烯袋贮藏金针菇,其保鲜效果不理想,袋的厚度以 0.03~0.045 毫米为佳。

(2)通气孔数量不宜过多 有时,在密封塑料袋上留几个通气孔,以便使袋内外空气有适度的交换,让袋内滞留的水汽能及时散发。日本研究者用 20 厘米×26 厘米规格的聚乙烯塑料袋保鲜香菇的试验表明,当孔径为 5 毫米时,开孔数为 4 个、8 个和 12 个的三种处理结果证明,保鲜效果随着开孔数的增加而依次降低。因此,开孔数不宜太多。

(3)最好在低温下贮藏 在 6℃的较低温度下,普通的塑料袋密封包装香菇的保鲜时间可长达半月以上,但在 20℃的较高温度下,即使增加充填二氧化碳或氮气的保鲜措施,保鲜时间也不超过 1 周。因此,密封袋装香菇以尽可能在较低温度下贮藏为好。

144. 怎样进行菇类的气调保鲜?

利用气体更换或控制的方法对鲜菇进行保鲜称为气调保鲜。气调保鲜的具体方法很多,下面介绍几种在设备和技术要求上相差较大的方法,各地可因地制宜选用。

(1)纸塑袋法 纸塑袋是一种纸塑复合保鲜用新材料。在贮藏过程中,依靠菇体自身的耗氧作用,并通过纸塑袋的透气性,可将袋内氧气和二氧化碳气体的量调节至一种相对平衡的程度,从而延长保鲜时间。用市售小包装纸塑袋,每袋装量 200~300 克,密封。在 5℃左右贮藏,保鲜期 10~15 天。

（2）**硅窗袋法** 将用硅橡胶制成的气体交换窗镶在塑料袋上,就构成具保鲜作用的硅窗袋。少量鲜菇(10千克以下)可直接放在适当大小的硅窗袋中,大批量(50千克左右)包装时,则可将鲜菇装入木制或塑料制周转筐中,外面套上大的硅窗袋。在0℃～2℃条件下,硅窗袋可保鲜3周以上,在20℃左右可保鲜3～5天。

（3）**真空法** 将鲜菇装入复合塑料袋内,抽空密封,保鲜期较长,但经长途运输进入市场后,最好低温贮藏。

（4）**换气法** 将鲜菇装入复合塑料袋后,往袋内注入一定数量的氮气后密封,可有效抑制其细胞酶的活性,从而延长保鲜期,但该法需相应的设备及气源,费用稍高,适合规模化生产单位或个人,实行周年化栽培或反季节栽培时,可推广使用该方法。

（5）**排氧法** 将整理后的鲜菇置入容器内,鲜菇较多时可置于特定房间内,充放二氧化碳气体,约15～30小时后,分装塑料袋并密封,如再配合低温保藏,效果更佳。

145. 怎样进行菇类的化学保鲜?

用具有降低菇体新陈代谢强度或抑制微生物生长等作用的化学药液浸泡鲜菇,可起到保鲜作用。

（1）**盐水处理** 将鲜菇放入0.6%的盐水内浸泡10分钟,捞出沥干水分,装入塑料袋中。在10℃～25℃条件下,经4～6小时,袋内鲜菇变成亮白色。这种新鲜状态可保持3～5天。

（2）**焦亚硫酸钠溶液保鲜** 配制0.02%焦亚硫酸钠溶液(焦液,下同),浸洗鲜菇20分钟后,再转入0.05%焦液中浸泡10～15分钟。捞出沥水后,均匀喷洒1遍0.15%焦液,然后分装塑料袋并密封。焦亚硫酸钠不但具有保鲜作用,而且对鲜菇有护色作用,使鲜菇在运输、贮藏过程中保持原有色泽不变。

(3)复合保鲜液保鲜 复合保鲜液由0.1%焦亚硫酸钠、0.2%氯化钠、0.1%氯化钙组成。将鲜菇放入保鲜液中浸泡15分钟,沥干,放入塑料袋内保存。在16℃～18℃条件下可贮存4天,在5℃～6℃条件下可贮存10天。

(4)比久(B_9)保鲜 B_9是一种农作物和花卉生长的延缓剂,俗称比久。用0.05%～0.1%的比久溶液浸泡鲜菇10分钟,沥干后贮存于塑料袋中。在5℃～10℃条件下,可保存1周左右。

(5)多效唑保鲜 将鲜菇浸入10～20毫克/升的多效唑溶液中2～3分钟,捞出沥干表面水分,装入厚度为0.2毫米的聚乙烯塑料袋中。在12℃左右条件下,保鲜期可达1周左右。

146. 怎样进行菇类的速冻保鲜?

速冻是一种使菇体中的水分快速结晶,迅速降低菇体温度的技术,这种技术能较好地保持食品原有的新鲜程度、色泽和营养成分,保鲜效果良好。以蘑菇的速冻加工为例,其工艺流程为:原料选择→护色、漂洗→分级→热烫、冷却→精选修整→排盘冻结→挂冰衣→装箱和冷藏。操作要点如下:

(1)原料选择 菇体新鲜、完整,直径2～5厘米,无病虫杂质,未开伞,菌柄长度不超过1厘米。

(2)护色、漂洗 采收后立即用0.03%焦亚硫酸钠液漂洗,捞出后稍沥干,移入0.06%焦亚硫酸钠液中浸泡2～3分钟,捞出后再用清水漂洗30分钟,菇体中二氧化硫残留量不得超过 0.02%。

（3）**分级**　根据菇盖大小分级。小菇（S 级）15～25 毫米，中菇（M 级）26～35 毫米，大菇（L 级）36～45 毫米。由于热烫后菇体会缩小，原料选用径级可比以上标准大 5 毫米左右。

（4）**热烫、冷却**　将菇体投入煮沸的 0.3%柠檬酸液中，大、中、小三级菇的热烫时间分别为 2.5 分钟、2 分钟和 1.5 分钟。热烫液火力要猛，pH 值控制在 3.5～4 之间。热烫时不得使用铁、铜等工具及含铁量高的水，以免蘑菇变色。热烫后的菇体迅速盛于竹篓中，于 3℃～5℃流水中冷却 15～20 分钟，使菇体温度降至 10℃以下。

（5）**精选修整**　剔除破损菇、畸形菇、开伞菇、变黑菇，切除泥根、长柄，将特大菇和缺陷菇切片，作速冻菇片用。

（6）**排盘冻法**　将菇体表面附着水沥干，单个散放薄铺于速冻盘中，用沸水消毒毛巾擦干盘底积水。在 3℃～4℃温度下预冷 20 分钟，－37℃～－40℃低温下冻结 30～40 分钟。冻品温度应在－18℃以下。

（7）**挂冰衣**　将互相粘连的冻结蘑菇轻轻敲击分开，使之成单个，立即倒入小竹篓中，将盛菇竹篓浸入 2℃～5℃清洁冷水中约 2～3 分钟，立即取出竹篓倒出蘑菇，使菇体表面迅速形成一层透明的、可防止蘑菇干缩与变色的薄冰衣。水量以增重 8%～10%为宜。

（8）**装箱**　采用边挂冰衣、边装袋、边封口的办法，将冻结蘑菇装入无毒塑料包装袋中，并随即装入瓦楞纸箱内。

（9）**冷藏**　冻品需较长时间保藏时，应藏于冷库内。库内温度在－18℃以下，波动不超过 1℃，相对湿度 95%～100%，波动不超过 5%。严格按以上程序执行，所藏菇品一般都能达到规定的质量标准，并符合食品卫生要求。其他食用菌如草菇、平菇等,也可根据各自的商品规格和相关要求,参照上述方法进行速冻贮藏。

147. 怎样利用稳定态的二氧化氯进行蘑菇保鲜?

稳定态的二氧化氯是一种高效、广谱、快速、安全的杀菌消毒剂,用它对采收后的双孢蘑菇进行表面消毒,可提高蘑菇的外观品质,降低细菌斑点病的发生率,延长保鲜时间。具体做法如下:

取适量固体二氧化氯配制水溶液,然后稀释成 50 毫克/升溶液,加入 0.1%二氯化钙溶液混匀备用。将自菇房采摘的符合出口鲜菇标准的蘑菇,投入保鲜液中浸泡 1 分钟,捞出在 2℃冷风机下吹 30 分钟,驱除表面水分,用保鲜膜包装即可。处理后的双孢蘑菇在 14℃下能保藏 4 天,在 2℃下能保藏 6 天以上。

148. 怎样进行菇类的真空冷冻干燥?

真空冷冻干燥,简称冻干,是一种将含水物质先冻结成固态,尔后使其中的水分在真空条件下从固态升华成气态,以除去水分而保存物质的方法。高档方便面的调料,一经加入开水,青翠的菜丝,红艳的萝卜,喷香的牛肉丁,宛如新鲜的一般,它们就是用冻干技术加工出来的。与风干、晒干、烤干、速冻等方法相比,冻干能最大限度地保存食品中的各种营养成分,完好地保留了食品的色、香、味。是目前世界上公认的最佳的食品加工技术之一。现以香菇的冻干为例,将菇类冻干的技术要点简介如下:

(1)主要设备 以真空冷冻干燥机为核心的冻干成套设备结构如图 24 所示。

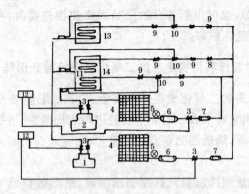

图 24 大型真空冷冻干燥成套设备

1. 压缩机 I 2. 压缩机 II 3. 截止阀 4. 冷凝器 5. 风扇器
6. 贮液器 7. 过滤器 8. 电磁阀 9. 截止阀 10. 热力膨胀阀
11. 蒸发器 12. 压力控制器 13. 前箱板层 14. 后箱捕集器

主要控制装置和测试仪器有麦氏真空计、温度显示仪、温控仪、循检仪、温度记录仪和共晶点测试仪等。目前,国产设备有中国科学院近代物理研究所研制的 JDG 系列真空冻干设备,抚顺康源保鲜技术发展公司生产的 IZG 型真空冻干设备等。

(2)冻干工艺 香菇原料→预处理→冻结→升华干燥→解吸干燥→出机→包装→入库。

(3)操作要点

①预处理:新鲜香菇采摘后要进行防褐变处理,通常可进行漂烫,或在柠檬酸或亚硫酸钠稀溶液中浸泡 2 分钟,然后沥干切片。

②共晶点、共融点测定:采用电阻测量装置来测定香菇的共晶点和共融点。开启前箱冷冻电磁阀,启动压缩机,香菇温度下降,当温度降至 −22℃左右,电阻值突然增大,此时为共

晶点温度,表示香菇水分几乎全部冻结为冰。之后,给加热管通电,当温度上升到－18℃左右,电阻值突然减小,此时为香菇的共融点。

③冻结:控制平均冻结速度为1℃/分钟左右,冻结过程约为90分钟,冻结终了温度在－30℃左右,确保无液体存在,否则,干燥过程中会出现营养流失、体积缩小等不良现象。

④升华干燥:启动真空泵,将箱体压力抽至30～60帕左右,然后启动管道泵,对前箱板层加热,提供升华潜热。但加热不能太快或过量,否则香菇温度过高,超过共融点,冰晶融化,会影响质量。控制料温在－20℃～－25℃之间,时间约为4～5小时。

⑤解吸干燥:升华干燥后,香菇中仍含有少部分的结合水,较牢固。所以必须提高温度,才能达到产品所要求的水分含量。料温由－20℃升到45℃左右,最后压力10帕左右。当料温与板层温度趋于一致时,干燥过程即可结束,时间为8～9小时。

⑥包装:因干菇含水量极低,易吸潮,所以出机后应及时真空包装或充氮包装。

149. 怎样利用放电生成气进行菇类保鲜?

放电生成气含有臭氧、负离子等成分,能使保鲜食品内的电荷处于中和平衡状态,它不仅能降低新陈代谢强度,还能抑制乃至杀灭有害微生物,因此,具有较好的保鲜作用。用放电生成气处理鲜菇的具体做法如下:

将色泽、气味正常,无机械损伤、无畸形、无虫孔,菌盖直径1～1.5厘米,菌柄长14～18厘米的金针菇装入无毒聚乙烯塑料袋中,每袋装量250克。然后将袋装金针菇置空气放电保鲜机(国内有华中理工大学和湖南慈利五金电器厂合制的KFB-Ⅲ型产品)中处理 10 分钟,然后扎紧袋口,置常温下贮藏,以后每隔 3 天用同法处理 1 次。用此法处理的金针菇可保存 8～10 天。这种方法也可用来贮藏其他菇类。

150. 怎样进行菇类的辐射保鲜?

当食品经 Co^{60} 等电离射线照射后,细胞内的水分和其他物质发生电离作用,产生游离基和离子,从而影响鲜活食物的新陈代谢过程,同时对腐败微生物和病原菌有较强抑制作用,因而能取得较好的保鲜效果。现以草菇和蘑菇为例,将菇类辐射保鲜技术介绍如下:

(1)鲜菇包装　取采收后 0～4 小时,没有破膜、开伞的蘑菇或卵形期草菇装入保鲜袋密封,每袋 250～500 克。保鲜袋上事先开 4 个小孔,孔径 2～5 毫米,外套牛皮纸袋。

(2)辐射处理　在钴室内用 $^{60}Co-\gamma$ 射线辐照袋装菇品,辐射剂量为 1～2 千戈。

(3)适温贮藏　将辐射处理后的菇品分别置适温下贮藏。蘑菇在 4℃～10℃ 适温下可安全存放 10～20 天,草菇在 15℃～20℃ 适温下可安全存放 3～4 天。

151. 怎样对菇类进行干制加工?

将食用菌鲜品的水分含量降至一定程度(通常为 13％ 以下),便于保存的加工方法称为干制。常用的干制方法有风干、晒干、烘干等。以下是用电热干燥箱对金针菇进行干制加工的操作步骤:

干制设备为电热鼓风干燥箱。将采收后 0～4 小时的金针菇,经切根、分级后单层摆放于料盘或烤筛上。接通电源,将箱内空间预热至 40℃~45℃。将摆放金针菇的料盘或烤筛移入干燥箱内。关闭箱门,打开通气口,将控温旋扭调至 40℃。启动箱内风机,使热空气在箱内强制循环。每隔 2 小时调整 1 次控温旋扭,使温度升高 4℃~6℃,至 55℃时暂停升温。在55℃条件下将菇体基本烘干,至菌柄、菌盖干透为止。最后 1小时调温至 60℃,关闭通气口,但风机继续运行,以使箱内各层温度保持均衡。关闭风机,切断加热电源。将干菇扎成小捆(100~200 克/捆)后装袋密封,置阴凉干燥处存放或上市销售。

香菇、黑木耳、猴头菌以及蘑菇(切片)、草菇(纵剖)等食用菌均可用类似方法进行干制。当菇品批量较大时,可建较大规模的烘房生产食用菌干品,也可选用福建、江苏等地生产的各种性能较好的食品干燥机、脱水机进行干制加工。

152. 怎样用远红外线烘房进行菇类的干制加工?

在食用菌集中产区,可以建远红外线烘房进行菇类的干制加工。用钢材做支架,建成长 8.6 米、宽 2 米、高 2 米的隧道式烘干炉。用砖砌夹墙,夹层内填充煤渣,以提高保温效果。炉膛内衬薄铝板,以提高辐射效果。炉内安装 25 块波长为 3~9微米的碳化硅辐射板。为了排除烘干过程中产生的大量水蒸汽,安装一道上下各开 5 个通风孔的隔板,隔板外安装电动抽气机,及时抽出炉内水蒸汽,风量的大小通过风管上所装调节阀调节。为了保证烘烤质量,烘干炉应选用灵敏度高的动圈式温度调节仪及继电线路。

烘烤时,草菇要纵向剖开,将菇体剖面平放在烘烤框竹帘上,再推入炉膛内烘架上,每炉可烘鲜菇 250 千克。将起始和终止温度范围调节至 40℃~65℃。接通电源,让温度缓慢均匀上升,待温度上升至指定范围时,打开通风机,吸出水蒸汽。经 4 小时,菇体含水量可下降到 30%～40%。此时关闭通风机,再经 2～3 小时,菇体含水量可降至预定值 12%～13%,且菇体洁白,香气浓郁,基本上都符合出口标准。其他食用菌可用类似方法进行干制。

153. 干食用菌压缩块是如何加工的?

多种干食用菌,尤其是外形蓬松的黑木耳、银耳,在贮藏、运输、销售等环节中,极易破损。经过加工压制成块后,不仅可有效减少损失,而且加上精美包装后直接进入超市,提高了商品的附加值。干食用菌压缩块加工工艺流程为:

原料→挑选→灭菌→回潮→计量→压缩成型→固形干燥→包装→入库。

(1)选 料　收购优质原料,已颁布产品标准的应收购二级以上产品。原料购入后,需进一步认真挑选,剔除杂质以及虫蛀、变色、变质、破碎原料。

(2)灭菌　将原料按常规方法进行严格的高温灭菌,杀灭原料中虫卵、病菌等有害生物。

(3)回潮　压缩前的原料要经喷水回潮,使其在压缩时不破碎,又便于成型。根据品种不同,原料的含水率大小不同,喷洒一定量的水分。喷水时,一定要喷洒均匀,边喷水边翻动,喷水后要闷一会,使其回潮均匀一致。

(4)计量　根据成品块重标准和原料含水率,计算投料量,称重时要准确无误,确保成品重量误差符合标准。

(5)压缩成型　采用专用压缩成型设备,根据品种、原料的不同及含水率大小,确定压强和保压时间,一般压强在 19.6～39.2 帕,保压时间在 4～6 秒。往模具内投放原料时,要投放均匀,以免成型后缺边少角,影响产品完整和感观标准。块形 6 厘米×4 厘米×1 厘米,块重 25 克。

（6）固形干燥　成型后的产品极易反弹,要用固形夹夹紧,送到干燥室进行干燥,经过 10 小时干燥后,即可保持形状不变,此时可将夹子打开,松散摆放在干燥筛上,再经过继续干燥后即得成品。干燥室的温度应控制在 40℃左右为宜。

（7）包装入库　选择块形完整、表面光洁的压缩块进行包装。首先采用玻璃纸每小块 1 包装,每小块再装入小纸盒内,一般以每 20 小块为 1 个中包装,定量为 500 克。中包装后再用热收缩膜包装。通过以上 3 次包装,可以有效防潮和防止杂菌侵袭,产品保质期达 3 年。最后用瓦楞纸箱按每 10 千克 1 箱包装入库。库内温度保持常温即可,但要通风良好、绝对防潮,不得与有毒有害物品同放,注意防鼠害。

加工的干食用菌压缩块产品应符合 GB7096－86 干食用菌卫生标准。感官标准为具该品种应有的色泽、气味与滋味,无异味。外观状态应符合块形完整、表面光滑、结构紧密的要求。

154. 如何用卵白液浸泡和油炸法加工平菇?

平菇的干制品在复水后再烹调食用时,在形状、风味、口感等方面都难以令消费者满意。而用卵白液浸泡和油炸法加工的平菇干制品,能较好地保持鲜菇的原形和色泽,且口感柔软可直接食用。其加工方法如下:

（1）原料准备　将鲜平菇分掰折解,选菌盖直径 3 厘米左右的备用。将干燥卵白粉用温水溶解成浓度为 13％水溶液备用。

（2）减压浸泡　将平菇放入配好的干燥卵白水溶液中,为防平菇浮起,用1个比浸泡容器直径略大的金属丝盖卡在上面,使平菇始终在液面下。将浸泡容器放入减压罐内减压至4.6663千帕。罐内容物剧烈发泡,持续5分钟后便平静下来。发泡平静后打开阀门,使罐内恢复常压,这时平菇组织中已浸透干燥卵白水溶液。

(3)油炸 将浸泡好的平菇用笊篱捞起,沥干附着在平菇表面多余的卵白水溶液,放入带金属丝盖的煎炸筐中,在4.6663千帕的真空条件下,用油温为105℃～120℃的米糠油炸12分钟,恢复常压,捞出沥油。

(4)干燥脱水 将沥干油的炸制品在40℃～50℃的温度条件下干燥,使炸制品含水量降至3%以下即为成品。

(5)真空包装 在抽真空条件下,将加工后的干制品以经销商喜爱的形式进行包装,保质期可达18个月。

155. 怎样进行菇类的盐渍加工?

用食盐腌渍抑制微生物并保存食用菌的方法称为盐渍。下面以双孢蘑菇为例介绍其盐渍加工的主要步骤:

(1)原料处理 适时采收蘑菇,清除杂质,剔除病、虫危害及霉烂个体,取合格的整菇去蒂柄备用。

(2)漂洗 在采收后1.5小时(最多不超过4小时)内将鲜菇置0.02%焦亚硫酸钠溶液内漂洗,然后再放入0.05%焦亚硫酸钠溶液中浸泡10分钟进行护色,然后用清水漂洗3～4次。处理后菇体内二氧化硫残留量不得超过0.02%。为避免二氧化硫残留,有些地方已改为将菇体用0.6%盐水漂洗,接着用0.05摩尔/升柠檬酸溶液(10.5克含1个结晶水分子的柠檬酸溶于1升水中,pH值4.5)漂洗。

(3)杀青 将漂洗后的菇置沸水中煮沸的过程称为杀青。

煮制要用不锈钢锅或铝锅,在锅内加 10%盐水,旺火煮沸后再放蘑菇,水与菇的比例为 10:4。煮制水要持续保持沸腾状态,经常搅拌,上下翻动,并随时除去泡沫。煮制时间依菇的大小而定,一般为 10～12 分钟,以剖开菇体无白心时捞出投入冷水中能随即下沉为度。煮制后的菇要及时放入清水中 20～30 分钟彻底冷透。加工数量大,来不及杀青的菇,可浸泡在 0.6%盐水中短时保存。

(4)分级　一般可按菌盖直径大小分为 4 级。A 级:1.5～2.5 厘米;B 级:2.6～3.5 厘米;C 级 3.6～4.5 厘米;级外菇:小于 1.5 厘米或大于 4.5 厘米。也可根据与经销商约定的标准进行分级。

(5)腌制　先将冷却后的菇放入 15%～16%盐水中浸泡,菇体逐渐由灰转白进而变黄,称为定色。腌制 3～4 天,菇体转色后,要转入 23%～25%浓盐水中继续腌制。发现盐水浓度低于 20%,立即加盐补足,直至缸内盐水浓度不再下降,不低于 20%为止。

(6)装桶　将盐渍菇捞起,沥去盐水,称重装入专用塑料桶中,用新配制的 20%盐水灌满,用 0.2%柠檬酸溶液调 pH 值至 3.5。然后,按每 70 千克成品菇加 5 千克食盐封顶,密封后即可贮运销售。

平菇、滑菇等可用类似方法进行盐渍加工。

156. 怎样进行出口灰树花的盐渍加工?

我国生产的灰树花主要出口到日本。采用下述方法对灰树花进行盐渍加工,不仅保质期可长达两年,且风味较好,符合日本人的消费习惯。

采摘八分成熟的灰树花,切去基部蒂头后,酌情分成小朵。先将杀青水煮沸，然后放入灰树花煮15～20分钟，一般在菇体入锅水重新沸腾后再维持5分钟左右，以菇体下沉，菇心呈浅灰色为适度。杀青后每煮3锅要更换1次水。及时将杀青后的菇放入清水中快速冷却，捞起沥干20～30分钟。在洁净的腌制缸的缸底先铺1层食盐，厚2～3厘米，上铺厚3～4厘米的菇。如此1层食盐1层菇层层铺放，直到满缸。最后用3～5厘米厚的食盐封口，加盖竹筛，并用重物镇压，食盐的用量约为菇重的40%。腌制时间约15天。要经常检查并酌情补加食盐，使缸内盐水浓度不低于22波美度。腌制后，从缸内捞出菇体，沥干盐水称重，即可装桶。用饱和食盐水99份，加调酸剂（调酸剂为柠檬酸、偏磷酸盐、明矾三种物质以5：4.2：0.8的比例配制而成）1份配成调酸的饱和食盐水，将其注入桶中，上面再用3厘米厚食盐封口，加盖密封后即可贮运销售。

157. 怎样加工食用菌罐头？

总起来说，采用一般的保鲜方法，在20℃左右温度下，食用菌的贮藏时间长则十天半月，短则两三天。而采用罐藏法，则不仅能较好地保存鲜菇原有的形状和风味，而且能较长期存放，现以双孢蘑菇为例，将罐头生产工艺的技术要点简介如下：

（1）选料　用于制作罐头的蘑菇，菌盖直径不超过4厘米，菌柄长1厘米，并要求无杂质、无褐斑、无虫蛀、无霉变。

（2）护色　罐装蘑菇习惯上以色白为上品，所以原料菇首先要进行漂白。通常是在0.2%亚硫酸钠溶液内漂洗1～2小时，捞出用清水冲洗，再放到0.2%焦亚硫酸钠中浸泡1小时，然后用清水冲洗1～2小时。也可将菇体浸入浓度为

0.6%～0.8%的稀盐溶液中进行护色,但要求从浸泡到加工,时间不得超过4～6小时。

(3)预煮　先将夹层锅内水煮沸,然后把菇放入锅内,水与菇之比为3∶2,煮沸5～8分钟(普通不锈钢锅需10～15分钟),以煮透为度。也可用5%～7%盐水预煮。预煮后,熟菇的重量下降35%～40%,体积收缩至原来的40%,菌盖收缩率约20%。

(4)冷却　预煮后,将菇及时放在流水中快速冷却,以在30～40分钟内完成为好。至手触无温感时捞起,放到有孔滤框内沥干水分。

(5)分级、修整　用分级机对煮熟的菇进行分级。各级整菇的菌盖直径标准分别是:1级菇<1.5厘米;2级菇1.5～2.5厘米;3级菇2.5～3.5厘米;4级菇>3.5厘米。要求形态完整,无严重畸形,允许有少量裂口,小修整,轻度薄皮及菇柄轻度起毛。不合格的褐斑菇、薄皮菇、畸形菇和碎菇,可分别加工成片菇和碎菇。

(6)装罐　装罐时同一罐中的菇体大小均匀,不得混级。装罐后注入盐液,加盐量为固形物和液汁重的2.5%,盐液中另加0.05%柠檬酸。盐液要浸没蘑菇,不可留空隙。盐液量约为蘑菇重量的1/4。盐液入罐温度不得低于85℃,罐内中心温度不得低于50℃,以保证罐内形成真空。

(7)排气、密封　采用加热排气法排气10～15分钟,待罐内中心温度达75℃～80℃时,开始封罐。如采用真空封罐机,在注入85℃盐液后,封罐机真空度维持在500毫米汞柱上操作,罐内真空度为46.67～53.33千帕。

(8)杀菌、冷却　将罐头置高压灭菌锅内,在98～147千帕压力下,维持在20～30分钟(灭菌温度和时间随罐型不同而有所不同)。起罐后,置空气中冷却至 60℃,再放到冷水中冷却到 40℃。

(9)检验入库 将罐头从冷水中取出,揩干,迅速送保温室,在 35℃培养 5～7 天,然后逐罐检查,如罐盖膨胀,表明灭菌不彻底。合格品贴上标签后装箱入库。

香菇、平菇、金针菇等均可按类似的基本程序制罐保藏。

158. 怎样加工出口罐装清水姬菇?

姬菇国内消费量不大,主要对日本出口。20 世纪 90 年代后期,输日商品的形式逐渐由盐水姬菇转为清水姬菇。现将出口罐装清水姬菇的加工技术要点介绍如下:

(1)原料的准备及脱盐漂白 在出菇季节,宜收购菇农当日采收,并在家已预煮过的鲜菇。在非出菇季节,可用盐渍姬菇为原料,经脱盐漂白后再进行加工。方法是在 1 000 升加热水槽中加水 500 升,放入 300 千克盐水姬菇,加热至沸,20 分钟后立即放掉混浊的盐水。再注入 500 升水,加漂白剂 200 克(亚硫酸钠 170 克,磷酸钠 30 克)搅拌溶解后,静置 30 分钟。慢慢加温至沸后再降温,使加热槽内整体对流,再继续加温20 分钟后放掉漂白液。重新注水,加温 20 分钟后放水。为防止菇中残存二氧化硫超标,将姬菇置水中过夜后再装罐,夏季宜用长流水或加柠檬酸调 pH 值至 4.5 以下,以免菇体酸败。

(2)去杂分级 精心挑选,剔除一切杂物,切除菌柄基部残留的培养基后,将菇体由小到大分为如下 4 级:

规格(毫米)	SS	S	M	L
菌柄长度	<20	20～30	30～40	40～50
菌柄直径	<5	5～8	8～10	10～12
菌盖直径	<8	8～15	15～22	22～35

（3）**煮制**　在不锈钢煮制槽内加入 500 升水、100 克柠檬酸，通蒸汽加热至沸，再加 200 千克姬菇，待均衡沸腾后煮制约 20 分钟，至菇柄中心煮透为止。

（4）**装罐**　煮制后，立即将菇捞起，投入冷水槽中冷却，冷后将菇捞起，沥水约 10 分钟后装罐。选用内壁涂有树脂的 9 升包装罐，每罐装料 5 千克，用温度达 90℃ 以上的注入液（由饮用水 100 升，柠檬酸 150 克，L-抗坏血酸 15 克配制而成）注满，盖紧罐盖。

（5）**排气**　将装有菇体和注入液的罐置排气槽中，缓缓通入蒸汽，在 20～30 分钟内逐渐将罐中心温度升至 80℃，以排除罐内气体。

（6）**封盖**　将排气后的罐置操作台上，两人配合操作，用特制夹具将罐盖盖严。

（7）**灭菌**　将封盖罐置灭菌槽内，罐体之间留适当空隙，用 95℃～97℃ 热水灭菌 60 分钟。

（8）**冷却**　灭菌后立即将罐放入冷水槽中，尽快使罐中心温度降至常温。

（9）**检验入库**　将罐从冷水中取出，擦干，存放于洁净的室内，观察 15 天左右，如罐无膨胀、液漏，pH 值在 4.4 左右，可打号入库。出现液漏、膨胀等现象的不合格品，需重新加工处理。

159. 怎样加工莲枣银耳罐头？

我国民间历来将莲子、红枣、银耳作为滋补品，若将三者合而为一加工成罐头，不仅营养丰富，而且色、香、味俱佳。与前面所介绍双孢蘑菇工厂化罐头加工工艺相比，下述莲枣银耳罐头加工工艺较为简单，既可工厂化生产，也可家庭制作。

（1）**工艺流程**

银耳→浸泡→修剪→清洗→沥干　装罐→加红枣→注

通心莲子→粒选→清洗→沥干　糖汁→封口→杀菌

空罐→清洗→热水冲洗→倒置　→冷却→擦罐入库

（2）**技术要点**

①空罐准备：选用瓶口平正、瓶盖扣合严密、瓶壁厚薄均匀的 300 毫升四旋玻璃瓶，先用 40℃～50℃温水浸洗 5～10 分钟，再用清水冲洗至瓶壁光洁，最后用 90℃～100℃热水短时冲洗空罐，倒置备用。

②原料预处理：优质通心莲子，按每 100 罐 1 千克备料，粒选后清洗，沥干备用。优质小粒红枣，按每 100 罐 1 千克备料，用温水浸泡 3～5 小时，清水淘洗，沥干备用。选用色泽自然，复水性好的干银耳，按每 100 罐 500 克备料，提前浸泡 4～6 天，剪去耳蒂，掐碎，洗净，沥干备用。糖液含糖 16.6%～20%，含柠檬酸 0.1%～0.15%，冰糖或精制白糖均可，按 100 罐用 25 升糖液准备，沸水配制，4 层纱布过滤，水浴保温备用。

③制罐：每罐装湿耳 80 克、红枣 8 克、莲子 8 克，加满糖液，排气封口。采用加热排气封口时，罐中心温度 75℃～85℃；真空封口时，真空封罐机应保持 0.05 兆帕真空度。杀菌时，有专用设备的工厂，可按杀菌式 5′-55′-反压冷却/105℃操作，家庭可用压力锅保压 30 分钟。或常压 100℃水煮杀菌 60 分钟均可。杀菌后工厂采用反压冷却，可使罐温迅速降至 40℃。家庭制罐可采用自然冷却法，使罐温缓慢降至室温。擦罐入库，擦干或利用余热干燥罐表水分。入库罐头，逐瓶检查，并抽样送检。

（3）**注意事项**

①进行商业性生产莲枣银耳罐头,须兼顾充分杀菌和商品色泽、风味等质量标准。因此,在杀菌与冷却作业时,应严格按杀菌式操作。

②家庭制罐的色、香、味可依自己的口感而定。为了安全,杀菌后以自然冷却为佳。

③本工艺也适用于不添加莲子、红枣的糖水银耳罐头,其杀菌时间可由 100℃,60 分钟缩短至 100℃,30 分钟。或家用压力锅中保压 20 分钟即可。

160. 怎样生产菇类发酵饮料?

以食用菌固体发酵的菌丝体为原料,可加工成有较高营养价值的菇类发酵饮料。下面以香菇为例,将菇类发酵饮料生产的技术要点作一简要介绍:

(1)生产工艺

①固体发酵及原液制备:

香菇菌种 —扩大培养→ 固体发酵 —加一定量水 70℃水浴 3～6小时→ 过滤 < 菌丝体 / 滤液①

—加一定量水 水浴2～3次→ 过滤 → 滤液② —合并滤液①②→ 淀粉酶酶解 70℃,15～30分钟 → 煮沸灭活 → 原液

②配制:

(2)技术要点

①固体发酵培养基:以小麦 100 份为基准,加葡萄糖 0.5 份,酵母膏 0.1 份,碳酸钙 0.6 份,氧化钠 0.1 份,磷酸氢二铵 0.05 份,磷酸氢二钾 0.02 份,硫酸镁(MgSO₄·7H₂O) 0.01

原液 ——细过滤→ 配料 —→ 加热 —→ 过滤 —→ 装瓶 —→ 封口 —→ 巴氏灭菌 —→ 冷却 —→ 成品

50℃,
15～20
分钟

份,pH 值 6～6.5。

②固体发酵:选用生长迅速、菌丝体蛋白质和多糖含量高的菌株,按常规配料,装瓶(袋)接种,在 25℃ 培养至菌丝长满为止。

③酶解:在固体发酵物粗滤液中加适量淀粉酶,在 70℃ 条件下酶解 15～30 分钟。

④配料:选用合格的食用白砂糖和柠檬酸,分别用开水调成 30% 溶液,用瓷棒过滤器除去异物,防腐剂山梨酸钾用适量沸水溶解。在不锈钢配料罐内配料,先用糖液将原液糖度调至 12 波美度;开动罐内搅拌器,用 900 转/分速度不断搅拌,再用柠檬酸液调酸碱度至 pH 值为 5;最后加入山梨酸钾,用量为饮料液总量的 0.01%。拌匀后,用低度酒饮料精滤机过滤,然后灌入已灭菌的瓶内,加盖密封。经泛流式巴斯德灭菌机灭菌,即得成品。

(3)注意事项

①有条件可用液体深层发酵的菌丝体作原料生产菇类发酵饮料。

②为安全起见,发酵培养基尤其是液体培养基不要用常规生产的木屑、棉籽壳等农、林废弃物配制,而以改用玉米粉、小麦粉、大米粉等食物为好。

③固体发酵物滤液酶解时所用酶的种类、温度和时间等依食用菌品种、培养基配方等的不同而有所不同。

④配料的成分多种多样,可自行试验、选用,以安全、卫

生、符合消费者习惯为准。

161. 怎样生产灵芝速溶茶?

灵芝速溶茶是用灵芝子实体或菌丝体提取液与速溶糖以及其他配料混合,制作的保健饮料。其生产技术要点如下:

(1)**灵芝提取物的制备**

①用子实体制备:将灵芝子实体洗净,晒干,切成薄片。然后粉碎成 0.16~0.3 厘米颗粒备用。按 1 升水加 80 克糊精的比例缓缓加入糊精。不断搅拌使其成悬浮液。在 70℃~80℃下加热至糊精完全溶解。待温度降至 35℃~40℃时,按 1 升糊精液中加 65 克灵芝粉的比例加入灵芝粉,在 35℃~40℃水浴上保持 6~12 小时,提取灵芝有效成分。然后用板框压滤,除去残渣、滤液在 50℃~60℃下喷雾干燥,过 80 目筛备用。

②用菌丝体制备:以 85% 甘蔗渣,15% 米糠为培养料。采用熟料瓶(袋)培养灵芝菌丝体。菌丝在瓶内长满后,继续培养 10~15 天。取出菌丝体加热水浸提。滤取菌丝提取液,加 5% 的糊精,在不锈钢夹层锅内进行浓缩,至热测比重 1.05,然后进行喷雾干燥,过 80 目筛备用。

(2)**粉状焦糖的制备** 将 950 克蔗糖加热至 160℃~200℃,不断搅动,使其呈现黄白色。冷却至 120℃,添加碳酸铵 0.5 克,此时出现大量泡沫。待泡沫消失后,添加 50 克蔗糖和适量柠檬酸继续搅拌,混合物起泡,将混合物拌匀,在半真空器皿内于 120℃加热 10 分钟后,加 200 克灵芝提取物,继续加热 10 分钟,冷却后,即成含灵芝提取物的粉状焦糖。

(3)**速溶茶配制** 取含灵芝提取物的粉状焦糖 30 克、速溶糖 70 克、阿拉伯树胶 0.1 克、桂皮油 1 微升、柠檬油 100 微升,充分混合后成粉状酱色复合物。用防潮纸或塑料袋真空包装。

用类似方法可制猴头菌、香菇、云芝、茯苓等食、药用菌的速溶茶。配制时的辅料配方可随食用菌品种和消费者习惯的不同而适当改变。

162. 怎样生产菇类软包装即食菜?

菇类软包装即食菜是一种鲜菇经简单加工制成的便于贮运、食用方便的食品。现以香菇丝软包装产品为例介绍其生产技术要点。工艺流程是:选料→整理清洗→杀青、漂洗→切丝→配料→装袋封口→灭菌→检验入库。

(1)选 料 选无病虫害、八成熟新鲜香菇,最好当天采收当天加工,包装袋为耐高温高压、无毒的食品专用袋。配料有味精、优质酱油、白糖、精盐、辣椒等。

(2)整理清洗 剪去菇柄,余下部分不超过 5 毫米,洗净泥沙等杂质。

(3)杀青、漂洗 将 5% 的盐水烧开,放入香菇煮 8 分钟,不带白心时捞出立即放入清水中漂洗,进一步清除杂质,用离心法脱水 5 分钟。

(4)切 丝 将香菇切成 3 毫米厚的菇丝。

(5)配 料 100 千克香菇加入盐 900 克、酱油 1.2 千克、糖 1 千克、味精 700 克、清水 10 升,要辣味的另加辣椒 8 克,与香菇丝搅拌均匀,使配料充分渗入菇体内部。

(6)装 袋 封 口 按每袋 150 克、200 克称量装袋,用真空包装机抽气封口,抽气真空度应达 500 毫米汞柱,抽气宽度 8 毫米。

(7)灭 菌 将装袋香菇平整放入铁丝篮内再装灭菌灶。使用高压灭菌,121℃保持 15 分钟,减压出灶;使用常压灭菌灶,温度升至 100℃保持 2 小时,自然冷却后出灶。

（8）检验　灭菌后逐一检验,检出真空度不够、封口不严或有破损的袋。擦干袋表面污渍,同时抽样保温检验,最后装箱打包。

163. 怎样制作菇类蜜饯？

用平菇制蜜饯在我国已有上千年的历史。用菇类作原料制作蜜饯是开发菇类休闲食品的可行途径之一。现以低糖平菇脯为例,简述菇类蜜饯制作的技术要点。低糖平菇脯的生产工艺流程为,选料→整理清洗→烫漂→护色硬化→糖煮→浸糖→烘烤→包装。

（1）选料　选择形态完整、干爽、无病虫害的新鲜平菇作为加工原料。

（2）整理清洗　剔除杂质,切除菇脚,将丛菇分成单朵,然后用清水漂洗干净。

（3）烫漂　在夹层锅中加入清水,加水量为锅容量的三分之二左右,在水中添加 0.05%～0.1% 的柠檬酸。水沸后加入平菇,平菇的加入量为烫漂液量的 30% 左右,轻轻搅拌,待菇体变软时捞出,立即投入冷水中冷却。

（4）护色硬化　将冷却后的平菇及时倒入含 0.3% 的亚硫酸氢钠和 0.2% 的氯化钙混合水溶液中进行护色硬化 4～8 小时,每 100 升水可浸泡平菇 120～130 千克。待护色、硬化完毕后,将菇体捞出用流动水漂洗干净。

（5）抽空　先用蔗糖配制 20%～25% 的糖液,然后加入适量的葡萄糖、淀粉糖浆(二者的使用量均以不超过总糖量的 30% 为宜)和 1% 左右的羧甲基纤维素,混合均匀后连同菇体一起倒入抽滤器中用真空泵抽至真空度为 700 毫米汞柱,维持 20 分钟。

(6)**糖煮**　将菇体捞出,并将糖液倒入夹层锅内加热至沸腾,然后将菇体倒入,保持蒸汽压为 196～245 千帕,缓慢煮制。分 2 次加入 50% 的冷糖液和白砂糖至糖浓度为 40%,当菇体煮至透明状,糖浓度达 45% 时,立即停止加热。

(7)**浸糖**　将糖液连同菇体一起出锅浸渍 24 小时。

(8)**烘烤**　先用含 0.03% 苯甲酸钠的温水洗去菇体表面的粘糖液,然后铺上烤盘,送入烤房,在 60℃～65℃温度条件下烤至含水量为 17%～20%,不粘手为止,一般需要 6～8 小时。待菇脯冷却后,稍加整形即可包装。

164. 怎样生产保健型金耳胶囊?

金耳是一种名贵的食、药兼用菌。用其液体发酵菌丝及发酵浓缩液为原料,可制成有良好保健功能的金耳胶囊。

(1)**生产工艺**

(2)**技术操作要点**

①液体发酵培养:发酵培养基用可供食用的葡萄糖、黄豆粉、玉米粉等配制而成。将金耳斜面菌种经活化后,在 25℃±1℃ 下进行一、二级摇瓶培养,转速 180 转/分钟,分别培养 4～6 天和 2～4 天;接种于种子罐,在 25℃±1℃ 下培养 3 天,罐压 0.05 兆帕,通气 1∶0.8,液体发酵于 24℃～26℃ 下培养

3 天。

②过滤:将发酵产物用板框压滤机分成菌丝体和发酵液两部分。

③浓缩:将发酵液用真空薄膜浓缩或减压浓缩至热测比重 1.2。

④烘干:将菌丝体与发酵液浓缩物送入烤房,58℃～60℃烘干,待用。

⑤粉碎:将上述烘干物粉碎(100 目)作为原料,多糖含量不低于 4.5%。

⑥装胶囊:将原料直接(或用适量乙醇制粒)装胶囊,每粒干重 0.3 克。

⑦包装、灭菌:将制好的胶囊装箱后,用 ^{60}Co 照射灭菌。

⑧检验入库:按有关规定进行抽样检验。感官指标为胶囊内容物为棕褐色粉末,气芳香,味微涩。卫生指标需按"药品卫生标准"检验合格。合格品置阴凉干燥处保存,保质期为 2 年。

165. 怎样生产香菇松?

香菇菌柄质地粗硬,不能直接食用,但其所含蛋白质、多糖等基本营养或药用成分均与菌盖基本相当。用菇柄为原料加工成香菇松,既使菇农增收,又可变废为宝。

(1)工艺流程
原料选择→浸泡漂洗→加热软化→拣选去杂→打丝→炒制→调味→搓松→称重包装。

(2)技术要点
①原料选择:挑选色浅、干燥、无霉烂虫害、无木屑残留物的菌柄作原料,长 1 厘米以上,直径以粗者为佳。

②浸泡漂洗:将菌柄称重后倒入水池中,加软水或自来水

浸泡5～7小时,用竹帘及重物将菇柄压没水中,不时用木棒搅拌,使菇柄均匀吸水并去掉所附杂质。浸泡结束,用清水漂洗1～2次。

③加热软化:将浸泡漂洗后的菌柄倒入水中煮沸20～30分钟,并不断搅拌,至软化为止。沥干,用冷水漂洗,在高压蒸汽(0.11兆帕,121℃)下处理5～8分钟。

④拣选去杂:剪去含有木屑的部分,搓去菌柄表面的黑色附着物。

⑤打丝:将菌柄置打丝机中,加工成丝状。

⑥炒制:人工炒制或机械炒制均可。机械炒制可在肉松炒制机或茶叶杀青锅中进行。炒制时要不断搅拌,以利于均匀炒干,并注意调控锅温,以不炒焦为度。

⑦调味:每100千克干菌柄加精盐7千克、白糖2千克、味精1千克、白色酱油1千克、料酒0.5千克、色拉油或花生油10千克,辛辣料、食用香料、色素等适量。调料配方也可按市场适销风味调配。将主、配料置炒制机中,不断搅拌,使调料均匀附在菇丝上。注意控制火力,防止褐变或炒焦。炒至七八成干即可。

⑧搓松:待炒制后半成品凉冷后,在擦松机上搓松。

⑨包装:将香菇松定量分装于塑料薄膜食品袋中,用封口机封口,贮于阴凉、干燥处。

166. 开发菌类保健食品应注意哪些问题?

开发菌类保健食品是使传统的食用菌产业由单一的食用菌栽培向多元化发展的一个重要方面。要使菌类保健食品开发顺利向前发展,涉及的问题很多,以下是其中的一些值得注意的问题。

第一，卫生部有关文件明确规定："保健食品系指表明具有特定保健功能的食品。即适宜于特定人群食用，具有调节机体功能，不以治疗疾病为目的的食品。"菌类保健食品当然也要符合这一规定。作为保健食品，应当与普通食品有区别，即要有明确的功能成分，在现有技术条件下不能明确功能成分的，要明确标明与保健功能有关的主要原料名称。另一方面，保健食品决不是药品，不能违规作能治某某疾病的宣传。

第二，菌类保健食品的主要原料应是中国医学科学院卫生研究所编《食物成分表》所列菌类或我国民间有长期采食习惯的菌类。辅料的选用应符合《食品卫生法》、《禁止食品加药卫生管理办法》、《食品毒理安全性评价程序》等有关法规的规定，确保菌类保健食品的安全性和纯天然性。

第三，在工艺设计上，要在最大限度保留菌类有效成分的前提下，兼顾商品外观和形式的市场适应性。尽可能使菌类保健食品在内在质量和商品外观上都符合市场需求。

第四，参照类似产品的国家和行业质量标准，制定并严格遵守产品的质量卫生标准，包括感官、理化、微生物等方面的指标，并有相应的测定方法，并向当地标准管理部门申报备案。

第五，菌类保健食品的开发，应力求在实现企业的经营效益与确保消费者健康的社会效益之间取得合理的平衡和统一，经过努力，尽可能将由营养价值、保健作用、安全性、可贮藏性、可接受性等5项正比因素和重量、价格、能源消耗等三项反比因素构成的"食品效益指数"提高到最大值。

167. 开发食用菌功能饮料应注意哪些问题？

据统计，从 1980 年至 1995 年的 15 年间，我国饮料产量的年增长率高达 26.7%，是发展最快的行业之一。但我国人均饮料消费量仅为世界平均水平的 1/9，这充分说明我国饮料市场的发展潜力十分巨大。由于食用菌具有营养丰富、平衡、风味较好，富含多种有益功能的菌类多糖等特点，适于用作功能饮料开发的原料。食用菌功能饮料开发中几个值得注意的问题是：

第一，食用菌功能饮料应定位于普通的菌类食品。这种定位，一则符合饮料作为一种大众化休闲食品的实际，二则也可省去正式申请"卫食健字"统一编号的诸多麻烦，给食用菌功能饮料的开发提供更大的空间。

第二，食用菌功能饮料，首先应该是饮料，必须具有饮料的基本特性——补充人体水分和满足感官享受，其附加功能不应降低口感质量，这样才能为消费者所接受。

第三，食用菌功能饮料，不必像菌类保健食品那样，必须明确表明具有某种特定保健功能。国际著名的功能饮料"红牛"，亮出的有益功能是"提神醒脑，增强活力"。猴头菇的调理肠胃的功能，金针菇的益智功能，灵芝的美容养颜功能，都不失为对人的身心健康有某种积极意义的功能。食用菌种类繁多，各具特色，从中开发具某种有益功能的饮料，潜力巨大。

第四，为了早日开发出适应市场需求的新产品，不必一切从零开始，不要事事都从头摸索，而要充分利用已有的成熟的饮料生产工艺和先进设备，充分利用食用菌有效成分提取的最新成果。

168. 怎样加工竹荪？

竹荪的加工主要采用干制法。现将其加工的技术要点介绍如下：

（1）**采收**　竹荪从抽柄到子实体成熟仅需数小时,出菇时节几乎每天都有子实体成熟,所以需经常检查,及时采收。竹荪菌体娇嫩,采收要轻拿轻放,小心保持菌裙和菌柄的完整。如果采下的子实体有孢体或泥土污染,可用柔软毛刷轻轻蘸水刷净。菌盖在洗去残留孢体,菌托在洗去表面泥土后,与菌柄、菌裙等一并放在竹篮内备用。

（2）**干制**

①晒干:将竹荪鲜子实体一朵一朵地平放在棉布单上,置太阳下暴晒,菌裙让其左右对称。当菌裙干缩后,再移到架空的窗纱上晒干。或者直接将竹荪排放于清扫干净的水泥地板上暴晒干。晒制的干品朵形美观,颜色白,无油渍,质量好。遇短期阴雨天气,可在迎风处用多层竹架上铺棉布单后再晾制,注意通风以防霉烂,一遇晴天立即搬出如前法暴晒。也可烘晒相结合,晒至半干时再用电热烘干。干品竹荪含水量以12%～13%为宜,含水量过低易被挤压破碎,过高则易受虫蛀和发生霉变。

②烘干:竹荪极易吸收空气中的烟雾和异味,故最好不用煤、炭直接烘烤。在用烟道式烘房烘制时,可将烘房预热至40℃,待空气湿度变低时,再将烤筛放进去。烘房应装鼓风机,以及时通风排湿。烘干后将干品与烤筛一并取出,经20分钟回软后再包装。

③脱水机干制:将竹荪按大小、厚薄、干湿分层铺放。起始温度35℃～40℃,加大风量保持1小时后,逐渐升温至50℃～55℃,持续1.5～2小时,并调整排湿装置,使热气充分循环。每次升、降温须事先查看,避免菌柄出水、变黑。待竹荪触之有干燥感,颜色变白时,再升温至60℃保持30分钟,取出,略经回软后包装。

（3）**分级包装**：竹荪尚无统一的分级标准。各地的分级标准略有差异。例如四川省的短裙竹荪分级标准为：一级品菌柄长 12 厘米以上、粗 3 厘米以上，含水量不超过 13％，乳白色，朵形完整，无霉斑，无虫蛀，无异味和杂质；二级品菌柄长 10～12 厘米，粗 2.5 厘米～3 厘米，含水量不超过 13％，乳白色或浅黄色，朵形完整，无霉斑，无虫蛀，无异味和杂质；三级品菌柄长 8～10 厘米，粗 1～2.5 厘米，含水量不超过 13％，浅黄色或浅土黄色，有 10％左右断柄、破裙子实体，无霉斑，无虫蛀，无异味和杂质；等外品菌柄长 8 厘米以下，颜色较深，有破碎柄、裙或子实体不完整，无霉变，无异味，杂质较少，含水量不超过 13％。

按标准分级包装。先将竹荪干品装入食品塑料薄膜袋中，密封袋口，再装入木箱或瓦楞纸箱中，贮于干燥、防潮设施良好的库房内。

169. 怎样加工茯苓？

茯苓的初加工也采用干制法，但具体操作与一般菇类有所不同。主要步骤如下：

（1）**发汗** 去掉茯苓所含水分，使其干燥缩身的过程称发汗。发好汗的茯苓，菌核内部组织紧密，切口光细。反之，组织疏松，切口粗糙。发汗的方法是先刷掉茯苓表面的泥沙和杂物，放于干燥凉爽室内，地面铺稻草，然后将茯苓逐层堆放，一般堆 3～4 层，上面再用草席或麻袋盖严，让其自然发汗，蒸发掉多余水分。每隔 4～5 天翻堆 1 次，经 10～15 天反复几次，待菌核表皮面上起皱纹，呈暗褐色即可结束，再置阴凉处晾至全干。

（2）**切片** 切片的顺序是"先皱后整"，"先小后大"。切片前先剥去茯苓皮,剥时尽量不带茯苓肉。苓肉一般为白色,靠苓皮部位的受伤处呈褐色,切时先用刀将苓肉白色及褐色部分分开,然后分别将白色苓切成白苓片或白苓块。切片或切块时,握刀要紧,刀片应向下同时用力向前推动,使片(块)表面均匀、光滑,并尽量避免块片缺角。

(3)干燥 切成片或块后,随即摊在簸箕或晾席里晒,夜间收回让其阴凉回潮,第二天翻面再晒。晒2～3天,其水分可蒸发掉70%,当表面出现微细裂纹后,收回放进屋内,将簸箕重叠压放,使苓片(块)再回潮,经1～2天后,裂口合拢,再稍压平复晒。如果遇上阴天或雨天,可用炭火烘干,烘烤应用无烟火,烘时火力不能过大,一般控制在50℃～55℃为好,并经常翻动,烘干后堆积起来,用草席或稻草盖严,使其回潮5～7天,再进行第二次烘烤。复烤的菌核可长期保存不易变质,即成商品。

170. 怎样加工天麻?

著名中药天麻的加工过程虽也有烘干这一工序,但完整的加工程序与一般菇类的干制有较大区别。主要技术要点如下:

(1)分级 天麻加工要分级进行,以便在加工过程中分别掌握恰当的火候。合格的天麻除无虫蛀、无伤害、无斑点等带共同性的要求外,其分级的主要指标是个体的大小。我国各地分级的级数及标准往往有所不同。例如,湖北省的商品天麻分为三级,一级品个体平均干重为50克,二级品个体干重在12.5～30克之间,三级品个体干重约5克。山东等地一、二、三级品的标准与湖北的大体一致,但在一级品之上和三级品之下各增设了一个特级和等外级。

（2）清洗　将各级天麻分别洗净，二级以上天麻分组装在竹筐或塑料框中，置90℃热水池中浸泡20分钟捞出，用竹筒或纱布刮去天麻外表的鱼鳞片皮层。洗净后，置10％明矾水中浸泡30分钟捞出。三级和等外级天麻，可以直接放明矾水中浸泡30分钟，然后煮熟烘干。

（3）蒸透　将洗净的天麻放入蒸笼，上旺火。上气后再蒸15～20分钟（大麻20～35分钟），蒸至天麻体肉透明，无黑心即可。

（4）熏蒸　天麻蒸透后，随即转熏蒸房。用硫黄熏10～12小时。硫黄用量为每立方米空间10克左右。熏过的天麻色泽鲜亮白净，并可防虫蛀和霉变。

（5）烘干　熏好的天麻要及时进行干燥处理。烘房内的温度应掌握在50℃～60℃，当麻体干燥至七八成时，取出，用木板将麻体压扁。然后放到温度为70℃、放有粗沙的火炕上烘干。烘干时要经常检查，以防麻体烘焦。烘干后即为商品药材——明麻。明麻外表玉白色，光滑明亮。另一种称为暗麻，在加工时不去皮，在太阳下自然风干，色暗黑，呈明亮牛角状。

四、食用菌市场展望

171. 20世纪90年代中后期世界食用菌生产状况如何？

从1965年到1990年的25年间，世界食用菌的产量增长了10倍以上。在这以后的十多年间，大多数种类的产量仍以较大幅度增长。世界商品化栽培的食用菌产量如表8所示。

表 8　世界商品化栽培食用菌的产量(鲜重、万吨)

种　类	1991 年		1994 年		增　减%
	产　量	占世界总产量的比例(%)	产　量	占世界总产量的比例(%)	
蘑　菇	159.00	37.2	184.60	37.6	16.1
香　菇	52.60	12.3	82.62	16.8	57.1
侧　耳	91.70	21.5	79.74	16.3	−13.0
木　耳	46.50	10.9	42.01	8.5	−9.7
草　菇	25.30	5.9	29.88	6.1	18.1
金针菇	18.70	4.4	22.98	4.7	22.9
银　耳	14.00	3.3	15.62	3.3	11.6
胶玉蘑 *	3.20	0.7	5.48	1.1	71.3
滑　菇	4.00	0.9	2.70	0.6	−32.5
灰树花	0.76	0.2	1.42	0.3	86.8
其　他	11.54	2.7	23.88	4.8	106.9
合　计	427.30	100.0	490.93	100.0	14.9

引自张树庭 1996 年 6 月在第二届蕈菌生产和蕈菌产品国际会议所作报告

* 原名玉蕈,即国内所称的"真姬菇"

　　根据习惯,表中蘑菇包括双孢蘑菇和大肥菇,侧耳包括侧耳属的平菇、凤尾菇等数个种,木耳包括黑木耳和毛木耳。从表中可以看出,世界上产量位居前三位的食用菌依次是蘑菇、香菇和侧耳,三者合计约占世界菇类总产量的 70%。值得注意的是,产量位居第一的蘑菇不仅占世界总产量的比例已从1970 年的 70% 以上降至 37% 左右,而且 1996 年、1997 年的产量也分别比上一年降低 3.5% 和 10.7%,而香菇的产量则继续保持上升态势。

　　20 世纪 80 年代以前,由于蘑菇在菇类总产量中占绝对优势,所以当时蘑菇的集中产地欧共体国家和美国,自然也就成了世界食用菌的主产地。80 年代以后,世界食用菌主产地逐渐东移,亚洲成为世界食用菌的最大产地。据 1994 年统计,世界食用菌总产量为 490.93 万吨。中国、美国和日本是产量位居前三位的国家,年产量分别为 264.9 万吨、37.89 万吨和 36.01 万吨,占菇类总产的比例分别为 53.8%,7.6% 和 7.3%。亚洲的印尼、韩国和泰国及中国台湾省的产量也较大,分别为 11.88 万吨、9.2 万吨、8.96 万吨和 7.18 万吨。而以欧共体国家为主的"其他国家",各种菇类的总产量为 116.22 万吨,其中蘑菇一项就占 107.07 万吨,说明这些国家至今仍然基本上是单一的蘑菇生产国。

172. 20 世纪 90 年代中后期世界食用菌的贸易状况如何?

在世界栽培菇类中,产量较大的大宗品种虽有十多种,但在国际贸易中占主导地位的是蘑菇和香菇。下面就以这两大菇种为例,简要介绍一下食用菌的国际贸易状况。

蘑菇国际贸易的主要商品形式是罐头,鲜菇、盐渍菇及干制菇的贸易量较少。世界蘑菇罐头的进口情况如表 9 所示。

表 9　1997 年世界蘑菇罐头主要进口国和进口量

国　家	进口量(吨)	占总进口量比例(%)
德　国	90363	41.8
美　国	61200	28.3
法　国	24477	11.3
日　本	12240	5.7
荷　兰	9444	4.4
比利时	7745	3.6

国　家	进口量(吨)	占总进口量比例(％)
意大利	7697	3.5
英　国	3173	1.4
合　计	216399	100

引自吴锦文,2000.资料原文引自日本《罐诘时报》,1998,1999

　　从表9可以看出,世界蘑菇罐头进口国主要是德、法、荷、比、意、英等欧共体国家以及美国和日本。据日本《罐诘时报》1998年报道,世界蘑菇罐头产量前三位的生产国依次是中国、印尼和波兰,年产量分别为14.28万吨、3.57万吨和1.428万吨,分别占总产量21.93万吨的65％、16％和7％。法国、日本、荷兰等国的产量均在1万吨以下,而且它们本身的产量不足以自给,还需进口。因此,世界蘑菇罐头的输出主要来自中国、印尼和波兰。1998年欧共体蘑菇罐头进口量的53％来自波兰,33％来自中国。在1994年美国进口的6.85万吨蘑菇罐头中,来自中国的为1.75万吨,来自印尼的为1.4万吨,分别占26％和20％,而日本进口蘑菇罐头中,中国的产品占一半以上。

　　至于香菇,日本和中国香港地区为最大进口地。1993年,香港地区和日本从中国进口香菇13 078吨,占当年中国出口总量的78％。1995～1997年间,日本每年进口干香菇7 000～8 000吨,其中75％自中国输入,同时还向中国进口保鲜香菇,年进口量达1.5万吨左右,出现了鲜香菇市场中国化的局面。同期香港每年所需9 000吨香菇,来自祖国大陆的占90％以上。

173. 改革开放以来,我国食用菌生产发生了什么样的变化?

　　改革开放以来,随着整个国民经济的飞速发展,我国的食用菌生产也发生了历史性的巨变。1978 年,我国食用菌年产量仅约 6 万吨,占世界总产量的比例微不足道。1986 年我国食用菌年产量达 58.6 万吨,占世界总产量的 27%,1990 年我国食用菌年产量首次突破 100 万吨大关,1994 年增至 264 万吨,占当年世界总产量的 53.8%,此后我国的食用菌年产量一直占世界总产量的一半以上。同时,在按惯例作为大宗食用菌统计的蘑菇、香菇、侧耳、黑木耳、草菇、金针菇、银耳、玉蕈、滑菇、灰树花等 10 种食用菌中,除玉蕈和灰树花之外,其余 8 种我国的产量均居世界第一位。

除上述产量居世界第一的 8 种大宗食用菌之外,还有 4 种具中国特色的食用菌:猴头菌、竹荪、茯苓、灵芝,在我国的栽培也较普遍。此外,20 世纪 90 年代以来,我国自行驯化或自欧美、日本引进的正在试验、示范、推广中的新菇种(包括上述玉蕈和灰树花)约有 40 种左右。据统计,我国 2000 年食用菌产量已逾 600 万吨(表 10)。

表 10　2000 年中国主要食用菌产量

种　类	产　量(吨)	占总数的比例(%)
香　菇	2205208	33.96
平　菇	1722645	26.53
黄背木耳	736400	11.34
蘑　菇	637304	9.82
金针菇	299738	4.62
黑木耳	232167	3.58
草　菇	111910	1.72
银　耳	103321	1.59
姬　菇	83832	1.29

种 类	产 量(吨)	占总数的比例(%)
滑 菇	48296	0.74
灵 芝	13522	0.21
猴头菌	6407	0.10
灰树花	6234	0.10
竹 荪	5450	0.08
牛肝菌(野生)	29546	0.46
其他菇	250748	3.86
合 计	6492728	100

引自中国食用菌协会 2001 年 8 月 24 日发布的资料

我国的食用菌栽培几乎已遍及所有的省、市、自治区。原来相对落后的北方,年产量达 10 万吨以上食用菌大省也日益增多。至 2000 年,年产量过百万吨的省有 2 个,过 10 万吨的省有 13 个。它们是:福建(139 万吨)、河南(105 万吨)、浙江(69 万吨)、江苏(64 万吨)、陕西(42 万吨)、四川(40 万吨)、山东(34 万吨)、江西(31 万吨)、湖北(30 万吨)、河北(28 万吨)、湖南(25 万吨)、云南(22 万吨)和辽宁(19 万吨)。

174. 我国食用菌出口贸易状况如何?

随着我国食用菌生产的飞速发展,我国的食用菌产品出口贸易量虽在有些年份有小的波动,但从整体上看仍呈明显的上升态势。表 11 列举了我国 20 世纪 90 年代中期主要食用菌产品的出口情况。

表 11　我国食用菌主要产品出口情况

产品种类	1994 年		1996 年	
	数量(吨)	金额(万美元)	数量(吨)	金额(万美元)
蘑菇罐头	166346	17436	162507.77	17644
盐渍蘑菇	41677	5137	61158.16	4792
干菜及制品				
黑木耳	2821	1927	2532.68	1441
香　菇	21876	11085	30130.29	9334
草　菇	207	58	204.54	56
平　菇	885	339	1866.27	250
凤尾菇	35	23	1.00	1
牛肝菌	4162	1324	2010.32	912
银　耳	408	296	165.78	146
蘑　菇	7570	2052	28323.18	3189
蘑菇片	1066	825	5716.40	2496
其他 *	1	1	9083.15	8659
总　计	247054	40493	303699.54	48920

引自葛双林 1995,1997

* 其他栏 1994 年包括红菇,1996 年包括松茸、茯苓等

　　从表 11 可以清楚地看出,我国出口量大,换汇额达到 1 亿美元以上的食用菌只有 2 种,即蘑菇和香菇。其次是黑木耳,换汇额近 2 000 万美元,野生食用菌中,牛肝菌换汇额在 1 000 万美元上下,而 1996 年松茸的换汇额曾达到 8 222 万美元。1996 年与 1994 年相比,出口量增加 22.92%,同时换汇额增长 20.81%,两方面的增长显示了较好的同步性。椐国家海关总署最新统计资料,2000 年我国食用菌出口达 479 531.326 吨,出口金额达 60 224.49 万美元。比 1996 年分别增长 57.9% 和 24.19%,再一次显示了我国食用菌对外贸易的稳定增长态势。

175. 中国与发达国家食用菌产业的主要特点和差别何在？

由于中国与欧美和日本等发达国家在人口、资源、经济发展水平等方面存在较大差异，二者在食用菌产业的特点上也存在很大差别。这种差别表现在许多方面，下述四个方面的差别是比较突出的。

第一，从生产格局看，发达国家除日本之外，基本上都是走单一菇种栽培的路子，尽管平菇的栽培早已在欧洲出现，近些年香菇的栽培也开始在欧、美亮相，但蘑菇一统天下的局面尚未发生根本性的改变。相反，中国所坚持的多品种协调发展的道路已日益显示出其优越性，已经并将继续在世界上发挥越来越大的影响。

第二，从生产方式看，发达国家采取的是高投入、高产出、高度集约化的生产方式。欧洲的蘑菇生产，日本的金针菇栽培，从原料准备到产品包装，已实现高度机械化的一条龙生产。而中国采取的是低投入、低能耗，以手工劳动为主，小规模生产为主的方式。这一方式在过去以至今后一段时间是符合中国国情的，但随着经济整体发展水平的提高，也应当会逐步有所改变。

第三，发达国家的菌种生产、营销均由少数大型专业公司所垄断，几家大公司包揽全国甚至邻近国家的菌种供应。中国的菌种生产则零星、分散，往往一个县就有几十家甚至上百家菌种厂。中国的菇农常遭受一些外在原因为主的损失，我国的食用菌栽培在单产、质量、价格上与发达国家还有较大差距，原因很多，但菌种厂的过多过滥无疑是一个重要原因。

第四，发达国家的食用菌产业已形成菌类生产（食用菌栽培）与菌类产品（以食用菌为原料经深加工获得各种附加值更高的产品)协调发展的新格局。我国菌类产品的开发起步较晚,发展相对滞后。相信加入 WTO 后,在全球经济一体化的浪潮中,中国在菌类产品的发展上,会加快赶上发达国家的步伐。

176. 为什么说加入 WTO 后,中国食用菌产业面临更大的机遇?

与粮、棉、油、果等许多大宗农产品面临严峻挑战不同,加入世界贸易组织(WTO)后,中国食用菌产业所面临的局面是机遇大于挑战,希望多于困难。这是因为:

第一,WTO 所奉行的降低关税、自由贸易的原则,可为中国食用菌产品的出口创造更加宽松的环境。日本 2001 年实行的对中国包括鲜香菇在内的 3 种农产品征收高额关税的措施最终不得不放弃,就是一个有力的例证。

第二,中国的食用菌生产已形成足以左右世界食用菌贸易大局的巨大生产规模,表现在食用菌产品中两个交易量最大的品种——蘑菇罐头和干鲜香菇,分别有 60% 和 80% 以上的贸易量与中国有关。这种局面是中国食用菌业经过二十多年的超常发展才形成的,而且与中国的幅员、资源、劳动力成本等具体国情密切相关。中国在世界食用菌贸易中的这种强势地位,任何国家都不具备取而代之的条件。

第三,中国食用菌产品有巨大的价格竞争优势。从国外进口粮食、油料等部分农产品,进口价格比国内产品还便宜。恰恰相反,"洋菇"的价格比国内产品要贵得多。这是洋菇几乎无法进入中国,中国菇却可以扩大地盘的一个重要原因。

第四,中国幅员辽阔,气候类型多种多样,食用菌栽培原料十分丰富,生产技术比较成熟,这就为生产适应不同国家、不同地区以至不同季节的外贸食用菌产品创造了良好条件。

第五,食用菌消费多元化的趋势日益增强。尽管欧美消费者对白蘑菇仍情有独钟,但在美国的餐馆,德国的超市,见到典型的"东方菇"香菇和金针菇,已不是什么新鲜事。食用菌消费多元化格局的逐步形成,必将进一步推动中国食用菌产品外贸事业的发展。

177. 食用菌产业如何应对入世?

第一,要增强市场导向意识。在我国食用菌产业大发展的初期,各地政府,尤其是福建古田、浙江庆元等著名食用菌集中产区的政府,曾为食用菌产业的发展做过大量组织协调工作,但是,随着市场经济的发展,市场在资源配置、商品流通、价格调整中所起的关键作用日益突出。在生产经营中,必须更充分发挥市场的导向作用。

要增强拓展"两个市场"的意识。长期以来,由于种种条件的限制,我国菇农关注的是国内市场。加入WTO之后,国际市场的重要性更加突现出来。但是对中国这样人口众多的大国来说,没有国内市场的支撑是不行的。充分拓展两个市场,食用菌产业的发展步伐才会更加稳健。

第二,要增强重质量效益的意识。长期以来,我国食用菌产业走的是一条重数量增长的路,我国蘑菇单产不到欧洲先进水平的20%。香菇的国际售价往往只及日本的1/3。面对加入WTO后的激烈国际竞争,不能继续走低水平以多取胜的老路。提高产品质量、增加经济效益应该成为我们的主攻方向。

第三,要增强菌类生产和菌类产品协调发展的意识。2000年我国出口近50万吨菇品,才创汇6亿美元。但1991年全世界(主要是发达国家)以菇类为原料制成的药剂、营养补剂等产品的产值已高达12亿美元,90年代中已增至约40亿美元。因此,要使食用菌产业迈上新台阶，必须尽快把菌类产品的深加工抓起来。

第四，要增强"绿色"意识。今后我国食用菌产品的出口可能面临"关税壁垒降下去，绿色屏障树起来"的局面，日益严格的卫生质量检验成为某些国家阻止我国产品大量输入的重要手段。只有增强绿色意识，生产质优、安全、卫生的菇类产品，才能立于不败之地。

第五，要增强规模经营意识。小型、分散、带农村家庭副业性质的食用菌生产方式，虽在很长一段时间内适应了中国的国情，但一成不变地沿用这种方式，不利于全面提高我国的国际竞争能力。因此，我们必须逐步地、因地制宜地走有中国特色的食用菌规模经营之路。

178. 为什么银耳不是越白越好，黑木耳不是越黑越好？

银耳，顾名思义，应该是白色的。但是，市售产品那种白得出奇的银耳，却往往并不是银耳的天然颜色，而是人工漂白的结果。据某市质监部门对市面上 21 种白得过分的银耳的检测，无一例外都呈现二氧化硫超标现象。部分产品二氧化硫残留量高达 2.83 克/千克，最低的也有 0.125 克/千克，严重违反了我国《食品添加剂使用卫生标准》的有关规定。这种情况之所以发生，是有关厂家用过量硫黄对银耳进行漂白，并用"银耳越白越好"的说法误导消费者。硫黄在燃烧过程中产生的二氧化硫，是一种严重危害身体健康的物质，它不仅会造成支气管痉挛，还可能在人体内转化成致癌物质，因此，应该对硫黄熏银耳这一工艺加以控制和改革。消费者也要加强自我保护意识，不要购买、食用颜色白得不正常、二氧化硫严重超标的银耳。

在栽培管理得当，散射光比较充足的条件下生产的黑木耳，耳片厚实,颜色较深,受到人们的喜爱。但是,黑木耳也并非越黑越好。那种黑得像墨一样的木耳,很可能是制假者用低质木耳用残次墨汁、盐、淀粉等长期浸泡、上色、晾干制成的。这种"墨泡木耳"往往冒充优质天然黑木耳出售,售价比真正的优质品低得多。但墨泡木耳中含有大量炭粒,长期食用可能致癌。消费者千万不能贪便宜购买食用。

179. 对"抗奶"和"瘦肉精"猪肉的查禁说明了什么?

什么是"抗奶"?抗奶就是含有抗生素的牛奶。在给奶牛治病时,如果滥用抗生素,就可能生产出含有过量抗生素,危及人体健康的"抗奶"。据《上海大众卫生报》报道,近年,欧洲国家对"抗奶"采取了严厉检查和处罚措施。一经发现奶场生产了抗奶,就会责令其停产整顿,甚至令其收回全部产品加以销毁。

与欧洲国家相比,"抗奶"问题在我国还没有引起足够重视。牛奶养殖户大量使用抗生素、激素,牛奶加工企业视而不见,牛奶进入市面流通后,也没有什么机构过问"抗奶"、"激素奶"的问题。不过,在生猪饲养中,饲料中掺"瘦肉精"生产的猪肉可危及人民健康的问题倒是引起不少地方的高度关注。2001 年,杭州、武汉两市政府就大张旗鼓地开展了查禁"瘦肉精"猪肉的活动。

上述例子清楚地说明,随着经济的发展,社会的进步,人们对生活质量的要求越来越高。现在,人们不仅关注急性中毒、剧毒、高残留农药对健康的严重危害,而且十分关注食品中抗生素、激素、添加剂对健康的潜在危害。由此我们很自然地会联想到用多菌灵拌料,在出菇期喷生长调节剂等措施,可能也存在安全隐患的问题。对这些问题我们应当高度重视,并采取积极措施加以改进,以便将菌类产品的食用安全性提高到一个新的水平。

180. 为什么我国菌类产品的生产必须加速走标准化道路？

在现代社会中，按国家、行业，至少是本企业自行制定的标准组织某种产品的生产，已形成惯例。不按标准生产，往往是技术低下、管理混乱的象征。按高标准组织生产，则是一个企业在激烈的市场竞争中战胜对手的重要保证。在船舶、机械、电器等许多工业部门，一旦某国的产品由国际权威机构按一定标准进行的质量论证获得通过，该产品就将很方便地打开通往国际市场之门。

市场经济是法治经济。标准作为一种技术法规，是社会法律、法规体系中不可缺少的一部分。标准既是物质生产和商品流通中的一种共同技术依据，也是维护生产者、经营者和消费者合法权益时必不可少的依据之一。因此，为了市场经济能健康有序地运行，也必须认真制定并严格执行各种技术标准。

据新华社 2001 年 11 月报道，我国农业部决定，作为应对入世的重要举措，今后将大力推广农业标准化生产，力争在五年内消灭无标准生产。农业部将加快制定农产品质量标准，重点是制订国家或行业的农产品质量分级和专业标准，还有农药、兽药、鱼药残留及其他有毒有害物质的卫生安全标准。国家将建立健全质量检测检验体系，逐步实行农产品质量安全从田头到餐桌的全过程控制。

显然，农业部上述有关大力推行标准化生产的决定，对食用菌产业不仅完全适用，而且十分及时。食用菌既是我国农业体系中外向型成分较重的产业，又是为数不多的具有能左右国际贸易局势实力的产业。所以不仅要更积极地推进标准化生产，还要力争尽快与国际标准接轨。这样就有望在较短时间内全面提高我们的国际竞争力,开创食用菌产业发展的新局面。

181. 黑木耳干制品应符合什么样的质量标准?

根据中国国家标准 GB/T 6192 -86 的规定,黑木耳干制品必须符合表 12-1、表 12-2 及表 12-3 所列各项指标。

表 12-1　感官指标

项　目	一　级	二　级	三　级
耳片色泽	耳面黑褐色,有光亮感,背暗灰色	耳面黑褐色,背暗灰色	多为黑褐色至浅棕色
拳　耳	不允许	不允许	不超过 1%
流　耳	不允许	不允许	不超过 0.5%
流失耳	不允许	不允许	不允许
虫蛀耳	不允许	不允许	不允许
霉烂耳	不允许	不允许	不允许

表 12-2　黑木耳干制品化学指标

项　目	一　级	二　级	三　级
粗蛋白质(%)	不低于 7.00	7.00	7.00
总糖(以转化糖计)(%)	不低于 22.00	22.00	22.00
粗纤维(%)	3.00~6.00	3.00~6.00	3.00~6.00
灰分(%)	3.00~6.00	3.00~6.00	3.00~6.00
脂肪(%)	不低于 0.40	0.40	0.04

表 12-3　黑木耳干制品物理指标

项　目	一　级	二　级	三　级
朵片大小(厘米)	朵片完整,不能通过直径 2 厘米的筛眼	朵片基本完整,不能通过直径 1 厘米筛眼	朵片小或成碎片,不能通过直径 0.4 厘米的筛眼
含水量(%)	不超过 14	不超过 14	不超过 14

项 目	一 级	二 级	三 级
干湿比	1：15 以上	1：14 以上	1：12 以上
耳片厚度（毫米）	1 以上	0.7 以上	—
杂质（%）	不超过 0.3	不超过 0.5	不超过 1

卫生指标按 GB2707～2763—81《食品卫生标准》及一系列食品卫生的国家规定执行。对产品的检疫,按国家植物检疫有关规定执行

182. 香菇干制品应符合什么样的质量标准?

根据中国商业行业标准 SB/T10039—92 的规定,香菇干制品必须符合表 13-1,表 13-2,表 13-3 和表 13-4 所列各项指标。

表 13-1 香菇花菇感官指标

项 目	一 级	二 级	三 级
颜 色	花纹色淡、明显、菌褶淡黄色	花纹色较深、菌褶黄色	花纹棕褐色、菌褶深黄色
厚薄（厘米）	≥0.5	≥0.5	≥0.3
形 状	近半球形或伞形、规整	扁半球形或伞形、不规整	扁半球形或伞形、不规整
开伞度（分）	6	7	8
大小（厘米）	≥4,均匀	2.5～4	≥2
菌柄长	≤菌盖直径	≤菌盖直径	≤菌盖直径
气 味	香菇香味、无异味	香菇香味、无异味	香菇香味、无异味
残缺菇（%）	重量≤1	重量≤1	重量≤5

项　目	一　级	二　级	三　级
褐色菌褶、虫孔、霉变菇(%)	重量≤1	重量≤1	重量≤5
杂质(%)	重量≤0.2	重量≤0.2	重量≤1
不允许混入物	毒菇、异种菇、活虫体、动物毛发和排泄物、金属物		

表 13-2　香菇厚菇感官指标

项　目	一　级	二　级	三　级
颜　色	菌盖淡褐至褐色,菌褶淡黄色	菌盖淡褐至褐色,菌褶黄色	菌盖淡褐至褐色,菌褶深黄色
厚薄(厘米)	≥0.5	≥0.5	≥0.3
形　状	近半球形或伞形、规整	扁半球形或伞形、不规整	扁半球形或伞形、不规整
开伞度(分)	6	7	8
大小(厘米)	3~5,均匀	≥3	≥2.5
菌柄长	≤菌盖直径	≤菌盖直径	≤菌盖直径
气　味	香菇香味、无异味	香菇香味、无异味	香菇香味、无异味
残缺菇(%)	重量≤1	重量≤1	重量≤5
褐色菌褶、虫孔、霉变菇(%)	重量≤1	重量≤1	重量≤5
杂质(%)	重量≤0.2	重量≤0.2	重量≤1
不允许混入物	毒菇、异种菇、活虫体、动物毛发和排泄物、金属物		

表 13-3　香菇薄菇感官指标

项　目	一　级	二　级	三　级
颜　色	菌盖淡褐至褐色,菌褶淡黄色	菌盖淡褐至褐色,菌褶黄色	菌盖淡褐至褐色,菌褶深黄色
厚薄(厘米)	≥0.2	≥0.2	≥0.1
形状	扁平形、规整	扁平形、不规整	扁平形、不规整
开伞度(分)	7	8	9
大小(厘米)	≥4,均匀	≥4	≥3
菌柄长	≤菌盖直径	≤菌盖直径	≤菌盖直径
气　味	香菇香味,无异味	香菇香味,无异味	香菇香味,无异味
残缺菇(%)	重量≤1	重量≤3	重量≤5
褐色菌褶、虫孔、霉变菇(%)	重量≤1	重量≤1	重量≤5
杂质(%)	重量≤1	重量≤1	重量≤1
不允许混入物	毒菇、异种菇、活虫体、动物毛发和排泄物、金属物		

表 13-4　干香菇理化指标

项　目	指　标
水　分(%)	≤13
粗蛋白(%)	≥10
粗纤维(%)	≤15
灰　分(%)	≤7

183. 罐头蘑菇、盐水蘑菇和蘑菇干片应符合什么样的质量标准?

根据中国农业行业标准 NY/T224—94 的规定,罐头蘑菇、盐水蘑菇和蘑菇干片必须分别符合表 14-1,表 14-2,表 14-3 所列各项指标。

表 14-1　蘑菇罐头质量指标

项　　目	整　菇	片　　菇	碎　　菇
组织形态	菇体完整、柔嫩、略有弹性,大小均匀一致,菇盖直径 2~4 厘米,菇柄不得超过 1.5 厘米	呈切片状,菇盖直径 4 厘米以上,厚度均匀一致,3.5~5 厘米	形状不限
色　泽	淡黄色,有光泽	淡黄色偏暗或略带灰色	
异　味	无	无	无
杂　质	无	无	无
汤　汁	淡黄色,清晰	淡黄色或淡灰黄色,清晰	

表 14-2　盐水蘑菇质量指标

项　目	A	B	C	D	E	F(等外级)
菇盖直径（厘米）	1.5~2.0	2.0~2.5	2.5~3.0	3.0~3.5	3.5~4.0	大小不限
组织形态	菇形完整、饱满,有弹性,无畸形、薄皮、开伞和脱柄菇					允许有少量开伞脱柄和畸形菇
色　泽	呈淡黄色,菇面光洁,有光泽					
杂　质	无					
盐水浓度	18~22 波美度					
酸度(pH 值)	4.2~3.5					

表 14-3　蘑菇干片质量指标

项　目	统　货
组织形态	干片厚度均匀一致
色　泽	乳白色或淡黄色，有光泽
霉斑、杂质	无
病　虫	无
含水量	≤13%

此外，中国国家标准 GB/T14151—93 还就蘑菇罐头的产品分类、技术要求等作出了更详细的规定。生产规模大、产品规格多或以外销为主的企业，可按该标准组织生产，以更好地适应市场的需要。

184. 草菇的干、鲜制品应符合什么样的质量标准？

根据中国商业行业标准 SB/T10038—92 的规定，鲜草菇和干草菇必须分别符合表 15-1，表 15-2 以及表 15-3 所列各项指标。

表 15-1　鲜草菇感官指标

项　目	一　级	二　级	三　级
松紧度	实	较实	松
菌　膜	未破	未破	破
大小(厘米)	≥3，均匀	≥2.5	≥2
形　状	荔枝形或鸡卵形		鸡卵形顶部较尖
颜　色	灰黑色或灰褐色、肉白色(白色变种顶部表面白色)		
气　味	草菇特有香味、无异味		
杂　质	无	无	无
不允许混入物	虫孔菇、霉变菇、毒菇、异种菇、活虫体、动物毛发和排泄物、金属物		

表 15-2 干草菇感官指标

项　目	一　级	二　级	三　级
形　状	菇片完整结实、无脱褶	菇片完整、较松	菇片完整，轻而松
大小(厘米)	≥2.0,均匀	≥1.5	≥1.0
长度(厘米)	≥3.5	≥3.0	≥2.5
颜　色	切面淡黄色	切面深黄色	切面色暗
气　味	草菇特有香味、无异味	草菇特有香味、无异味	草菇特有香味、无异味
杂　质	无	无	无
不允许混入物	虫孔菇、霉变菇、毒菇、异种菇、活虫体、动物毛发和排泄物、金属物		

表 15-3 鲜、干草菇理化指标

项　目	指　标	
	鲜草菇	干草菇
水　分(%)	≤92(鲜样计)	≤13
粗蛋白(%)	≥20(干样计)	≥20
粗纤维(%)	≤15(干样计)	≤15
灰　分(%)	≤12(干样计)	≤12

185. 平菇的盐渍品和干制品应符合什么样的质量标准?

根据中国农业行业标准 NY/T223－94 的规定,盐渍平菇和干平菇必须分别符合表 16-1 和表 16-2 所列各项指标。

表 16-1　盐渍平菇质量指标

项　目	统　货
组织形态	菇形完整,菇盖横径 3～8 厘米,菇柄长度不超过 1.5 厘米,无大破碎,允许有小碎(缺刻深度不超过 1 厘米)
色　泽	灰白色
异　味	无
杂　质	无
盐水浓度	18 波美度以上

表 16-2　干平菇质量指标

项　目	大 厚 菇	小 薄 菇
组织形态	菇盖完整	
色　泽	菌褶金黄色	
异　味	无	
病虫、杂质	无	
霉　斑	无	
干鲜比	1∶10	0.9∶10
含水量	≤13%	

186. 食用菌罐头应符合什么样的卫生标准?

根据中国国家标准《食用菌罐头卫生标准》GB7098－1996 的规定,以食用菌为原料,经加工处理、排气、密封、加热杀菌、冷却等工序加工而成的罐头食品必须符合下述卫生要求:

(1)感官指标　容器密封完好,无泄漏、胖听现象存在,容器外表无锈蚀,内壁涂料无脱落,内容物具有食用菌罐头食品的正常色泽、气味,无异味,无杂质。

（2）理化指标　理化指标应符合表 17 规定。

表 17　食用菌罐头理化指标　（单位:毫克/千克）

项　　目	指　　标
锡(以 Sn 计)	≤200
铜(以 Cu 计)	≤5.0
砷(以 As 计)	≤0.5
铅(以 Pb 计)	≤1.0
汞(以 Hg 计)	≤0.1
六六六	≤0.1
滴滴涕	≤0.1
米酵菌酸(仅限于银耳)	≤0.25
食品添加剂	按 GB2760 规定

187. 市售干、鲜食用菌应符合什么样的卫生标准?

根据中国国家标准《食用菌卫生标准》GB7096－1996 的规定,香菇、黑木耳、平菇、金针菇、蘑菇等市售鲜食用菌,或经烤晒而成的干食用菌,必须符合下述卫生要求。

（1）感官指标　具有食用菌正常的商品外形及固有的色泽、香味。不得混有非食用菌,无异味、无霉变、无虫蛀。

（2）理化指标　应符合表 18 的规定。

表 18　食用菌理化指标　　　（单位：毫克/千克）

项　　目	指　　标	
	干食用菌	鲜食用菌
砷(以 As 计)	≤1.0	≤0.5
铅(以 Pb 计)	≤2.0	≤1.0
汞(以 Hg 计)	≤0.2	≤0.1
六六六	≤0.2	≤0.1
滴滴涕	≤0.1	≤0.1

188. 市售银耳应符合什么样的卫生标准？

根据中国国家标准《银耳卫生标准》GB11675－89 的规定，市售银耳必须符合下述卫生要求。

(1)感官指标　见表 19-1。

表 19-1　银耳感官指标

项　目	指　　标		
	外　形	色　泽	气　味
干成品	朵形完整。合成料栽培银耳直径≥3 厘米，段木栽培银耳直径≥1 厘米	耳片白色或浅黄色，表面有光泽，耳基部呈米黄色，无霉点、霉斑	应具有银耳正常芳香气味，无异味、异臭
干成品浸泡（40℃，30分钟）	朵形完整，直径明显增大，耳片应完全展开或基本展开，边缘整齐，有弹性，无发粘、软塌现象		

（2）理化指标 见表 19-2

表 19-2   银耳理化指标

项　目	指　标(毫克/千克)
米酵菌酸	≤0.25
铅(以 Pb 计)	≤2.0
砷(以 As 计)	≤1.5
汞(以 Hg 计)	≤0.6

189. 食用菌产品在包装、标志、运输、贮存等方面有哪些基本要求?

食用菌产品的包装、标志、运输、贮存,首先必须符合《食品卫生法》及相关法规的规定,例如,直接接触食用菌的内包装塑料袋必须无毒。其次,针对不同食用菌的特点,在标志、包装等方面,应有相应的保障商品质量的措施,例如玻璃瓶包装或易碎的产品,应有小心轻放或防止重压标志,干制品应有防潮标志等。一般说来,食用菌产品在包装、标志、运输、贮存等方面应符合下述基本要求:

（1）包装　针对产品性质,采用能确保保质期内贮运质量的包装材料,例如盐渍品用硬质塑料桶,干制品用塑料袋密封后再置于瓦楞纸箱,包装内应随带产品合格证。

（2）标志　必须注明产品名称、商标、标准代号、净重、质量等级、厂名、厂址、批号、生产日期、保质日期或保存日期等。

（3）运输　不得与有毒品混装,不得用被有毒或有害物污染的运输工具运载。运输时要有防潮、防晒、防雨等设施。易碎品应避免挤压。

（4）贮存　在避光、常温、干燥和有防潮设施处贮存。严禁与有毒物品混放,干制品、鲜菇勿与有异味物品混放,防止虫蛀、鼠害和病菌污染。

190. 国家对进出口食品标签及其检验、登记有哪些具体规定?

国家商检局和外经贸部为了加强进出口食品标签的登记、检验和使用的管理,制定了《进出口食品标签管理办法》。作为食品,食用菌产品在进出口过程中当然应该而且必须遵守该管理办法及相应实施细则。该管理办法规定,商检机构对进出口食品标签中有关食品质量的说明内容、格式等进行登记、检验,进口食品标签必须首先取得登记证书及批准编号方可使用,进出口食品标签必须随相应进出口食品一起接受检验。未经检验合格,有关进口食品不准入境销售,有关出口食品禁止出口。

对进出口食品标签进行检验的具体要求是:在办理进出口食品的报验时,必须提供该食品所附食品标签登记证原件。对进口食品标签按国家食品标签通用标准有关规定、贸易双方约定的要求进行检验;对出口食品标准按进口国有关规定、贸易双方约定或国家有关规定进行检验。检验进出口食品首次使用食品标签时,应对食品标签上与质量有关的项目进行检验,以后不定期抽验。检验内容包括进出口食品标签是否与登记标签相符,进出口食品标准标注内容是否与食品相符,并核定进出口食品标签可否在进出口国使用。进出口食品标签经检验符合规定要求的,准予使用;不符合规定要求的,不准使用,不予签发商检单证或不准在《进出口货物报关单》上加盖商检印章。

关于进出口食品标签的登记与申请,相关实施细则规定,国家商检局设立的进出口食品标签登记、咨询办公室(以下简称登记办公室)负责办理全国进出口食品标签登记工作,对全国进出口食品标签中有关食品质量的说明内容、格式等进行登记、发证。申请进口食品标签和出口食品标签的单位,分别向登记办公室和当地商检机构申请登记,分别填写《进口食品标签登记申请书》和《出口食品标签登记申请书》,并提供必要的技术资料、食品样品和食品标签。进出口食品标签上与食品质量有关的数据,由商检机构核定。进口和出口食品标签中与食品质量等有关的内容,均需符合国家法律、法规的规定和贸易双方约定的要求,出口食品标签的相关内容还必须符合进口国有关规定。进口食品标签登记证由登记办公室审核后签发,出口食品标签登记证由登记办公室核发。

为了保证有关法规的顺利实施,《进出口食品标签管理办法》规定,凡伪造、盗用进出口食品标签登记证、印章,或有违反《管理办法》的其他行为者,由商检机构依照《商检法》及《商检法实施条例》有关规定进行处罚。

191. 为什么食用菌产品必须加速进行商标注册?

进行商标注册是保护生产经营者合法权益的需要,根据商标法,一种产品一经在有关部门注册商标并获得批准,其注册商标后应有的权利就将受到保护,任何采用假冒、仿冒等手段侵犯其商标拥有权的行为,都将依法受到追究。

进行商标注册是推行品牌战略,促进生产、经营事业发展的需要。在市场经济条件下,一个优秀品牌在流通过程中所带来的无形效益是十分巨大的。有些声誉不错但未注册商标的名牌产品,被别人抢注同名商标而遭受重大损失的例子,就充分说明了这一点。因此,要创优质名牌,除了下苦功提高产品质量之外,还必须及时注册商标。

注册商标也是推进国际贸易的需要。近年来,在我国国内举办的国际农产品博览会、展销会、洽谈会,已愈来愈多地向无商标产品关上大门。原因很简单,一个连注册商标都没有的商品,是很难在国际贸易的舞台上大显身手的。

由于种种原因,不仅与工业产品相比,而且与粮、棉、油等大宗农产品相比,食用菌产品的商标注册率都明显偏低。在国内、国际两个市场的竞争都日趋激烈的情况下,食用菌产品要想更好地求得生存和发展,必须加速商标注册的进程。

192. 我国菇品跨国贸易存在哪些问题?应如何解决?

(1)存在问题 我国菇品跨国贸易在取得巨大成绩的同时,也存在不少亟需解决的问题:

①部分产品质量不高,价格较低:据一些经营食用菌进出口业务单位的调查,20世纪90年代中期,国际市场上日本香菇售价为2.8～3.2万美元/吨,而中国产品仅为0.8～1.2万美元/吨。两国产品价格如此悬殊,固然有日商人为压价因素,但中国产品在菇品质量及加工质量上确实存在差距。

②包装简陋:随着外贸经营渠道增多,有些经营单位忽视包装,不但不能通过包装使产品锦上添花,反而造成一级商品,二级包装,降低商品等级。

③部分产品分级验质不严:1993年黑木耳在国际市场上畅销,一些经营者违反诚信原则,在黑木耳中掺入碎毛木耳,甚至用糖水喷施耳片增重。加之验质不严,这些掺杂使假货品出口后,造成极坏影响,一度使黑木耳价格暴跌,市场疲软。

④缺少信息和其他社会化服务:零星、分散、一家一户种菇的菇农,在缺少信息和其他社会化服务的情况下,对产品的市场前景和可能出现的风险毫无准备。随着国际市场供求关系的波

动,生产常常一哄而起,一哄而散。

⑤缺少有效的行业管理:部分经营菇品对外贸易的单位之间,为了争客户而争相降价,不惜亏本,从而使出口菇价整体下滑,损失严重。

(2)解决办法 一是要加大科技投入,加强科学研究,加快科技成果的转化,全面提高食用菌良种选育、栽培管理、保鲜加工和产品包装等方面的科技含量。二是提倡行业自律,禁止掺杂使假,同时加强出口商品分级、检验的管理,把好出口商品质量关。三是加强规划,分步实施,因地制宜组建一批各具特色的食用菌专业化、基地化、集约化的龙头企业,提高出口产品的规模效益和经营水平。四是加强食用菌的行业管理,做好出口业务的规划、统筹、指导和协调工作,帮助各地以多种形式为菇农提供及时的信息指导和产、供、销方面的社会化服务。

193. 如何预防和应对卖菇难的局面?

随着食用菌产量的大幅增长,菇类在流通领域出现了不同程度的供大于求的现象,即菇农所说的卖菇难的问题。卖菇难的问题比较复杂,单靠个人的努力难以圆满解决。不过,生产经营者如果头脑清醒,措施得力,可以减少卖菇难造成的损失。

要防止出现卖菇难,首先要准确获取市场信息。要通过市场调研、网络查询、报刊阅览等各种方式,及时掌握国内外市场产销状况和发展趋势,有的放矢地组织生产。在此基础上根据供求关系与有关单位签订合同,按定单以销控产,就可进一步降低风险。

要善于利用时间差、地区差。香菇在春、秋两季出菇高峰时常常出现卖菇难,但一进入初夏,却难见其踪影。地区间消费习惯和购买力水平的差异,常导致同一种菇品在不同地区的销售状况出现较大差别。采取反季节栽培,异地销售等措施,可部分缓解卖菇难的压力。

要以精取胜。在国际市场上,低档香菇常供过于求,而每 500 克售价达 200~300 元的高档干香菇却很少滞销。2000 年有些地方出菇高峰时每 500 克鲜香菇售价不到 1 元时,日本商人却愿以高出几倍的价格大量收购菇色正常、未受二氧化硫污染的香菇。可见,以精品取胜是解决卖菇难的根本措施之一。

要以廉取胜。在供货充足,质量又大体相当时,"便宜人人爱"的心理必然导致价廉的菇品相对好销。要做到价廉而不亏本,只有靠加强管理、降低成本才能实现。

要加强宣传,促进消费。中国人口众多,菇类人均消费水平还不高。如果加强宣传,提高民众对食用菌保健作用的认识,每人年均多消费 500 克鲜菇,消费量就可增加 60 万吨。国内市场还大有潜力可挖。

要搞好菇品的转化增值。正如解决卖粮难不能单靠增加粮食消费,而要抓好加工转化一样,对菇品进行多种形式的深加工,将其转化成消费者可接受、附加值也大大提高的药品、保健品、快餐食品、休闲食品等,是解决卖菇难问题的一条重要途径。

194. 如何识别冬虫夏草的真伪?

冬虫夏草是一种珍贵真菌,具有较高的医药、保健和经济价值。

冬虫夏草主要出产在西南、西北海拔较高的山地及高原的草甸地带。在秋冬季节,一些鳞翅目蝙蝠蛾科昆虫,如绿蝙蝠蛾等的幼虫潜伏在土里越冬。这时,冬虫夏草菌的子囊孢子往往侵入幼虫体内寄生,最终菌丝体长满虫体形成菌核。到了翌年夏季,菌核从已成空壳的寄主尸体头部长出通常单一、长约 5~11

厘米、下部细长、上部呈圆柱状膨大、似棒球棍状的子座,子座露出土面,杂于草丛中像一棵小草,故被称为冬虫夏草。

冬虫夏草药材干品特征明显,一般内藏菌核的绿蝙蝠蛾虫壳长 3~5 厘米,粗约数毫米,土黄至棕黄色,有 20~30 个环状皱纹,腹部有足 8 对,近头部 3 对,中间 4 对,尾部 1 对,尾部稍弯曲如蚕。子座单生,由寄主头部与虫体平行生出,圆柱状,长 4~5 厘米,顶部膨大,表面棕褐色,断面黄白色且呈纤维状,有腥味。全品以虫体壳黄内白、完整丰满和子座短者为佳。

伪品的冬虫夏草多为植物根茎。用地蚕、草石蚕块茎仿制的冬虫夏草,呈棱形,略弯曲,表面有环纹,断面平坦,类白色,无腥味。用地笋冒充的虫草,质脆,断面白色,有香味,没有子座。用面粉、玉米粉、石膏制作的假虫草,外形与冬虫夏草相似,外表黄白色或棕白色,虫体光滑且环纹明显,断面整齐,子座顶端尖,手感较重,口尝粘牙。

195. 羊肚菌人工栽培的现状及前景如何?

羊肚菌属共有近 30 个不同的种,我国已报道的约有 12 个种,其中有相当多的种是可食种。由于羊肚菌味道鲜美,在世界各地尤其是欧洲颇受人喜爱,加之长期以来只能靠野生采集,所以供不应求,市场售价比一般栽培菇类高得多,具有很高的经济价值。

羊肚菌的人工栽培研究可追溯到一百多年以前。早在 1898 年,已有人于 5~6 月间将羊肚菌子实体的组织块接种到菊芋畦中,秋天在菊芋茎基四周施放苹果渣,1~2 周后盖上枯枝落叶。翌年春,除去枯枝落叶,在比较潮湿的情况下,羊肚菌菌丝体能在土壤基质中蔓延生长并逐渐产生子实体。20 世纪 90 年代国外的一份专利报道,用 25% 沙子和以枞树皮、泥炭藓和红木树皮为主要成分的 75％有机质作培养基,经巴氏消毒后用羊肚菌菌核作接种体,在适宜条件下培养,每平方米培养基可收获 25～500个子实体。90 年代我国各地也掀起了研究羊肚菌人工栽培的高潮。有人申请了国家专利,有人举办过大型技术培训班。多数研究是模拟羊肚菌的野生生态条件进行栽培,产量有的达 40 朵/平方米,有的高达 200 朵/平方米以上。这些结果中尚需继续加以研究的两个问题是:第一,在模拟野生条件情况下栽培出来的羊肚菌,不能肯定完全是人工接种菌种的产物;第二,产量不稳定,试验的重复性差,就连研究者本人按同样的方法栽培,也不一定能再现报道过的结果。这样也就很难推而广之。

总之,羊肚菌人工栽培研究是一项有重大经济意义的课题,栽培技术一旦真正取得突破,将会有广阔的市场前景。不过,现有的技术离成熟的商业化栽培的要求还相差甚远。有兴趣的人可少量试种,探索、研究,不要盲目大规模地投资办场栽培。

196. 菌种市场有哪些欺诈行为?

由于菌种生产经营单位过多过滥,缺少管理、执法不严等原因,在菌种流通领域中,不时发生欺骗坑害菇农的事件。玩弄骗术者手法灵活,花样多变,稍不留心,就会上当受骗。归纳起来,常见的欺骗手法至少有如下几种:

一是以次充好。有些厂家将衰弱、老化甚至严重污染的菌种冒充合格菌种出售。在偏僻的乡镇小厂或菇农尚缺少经验的新区,这种情况的发生相当普遍。

二是移花接木。冬虫夏草是名贵中药,至今尚不能人工栽培。但在大大小小的报刊上,出售冬虫夏草的广告随处可见。实际上,经营者所兜售的东西充其量只与另一种虫草——蛹虫草有关。

三是冒名顶替。一些厂家将自己分离繁殖或来历不明的菌种说成是从权威机构引进，利用人家的信誉推销自己的产品。

四是旧闻新说。灵芝、竹荪等栽培历史较短的食用菌，在刚试种成功、上市量有限的早期，曾有过短暂的卖到天价的辉煌。但随着产量大增，竹荪售价早已降至每千克数十元至百余元，干灵芝每千克只能卖到 20～30 元。把旧闻当新闻，说灵芝贵如黄金，灵芝每千克上千元的广告宣传，纯粹是欺人之谈。

五是乱贴标签。一些菌种厂家为了推销菌种，胡乱将一些食用菌的名称改为金菇、银菇、大奇菇等等，普普通通、大家熟悉的食用菌经这么一改名，谁也弄不清卖的是什么，这样售假就方便多了。

六是包销陷阱。有的经销单位在菌种广告中信誓旦旦承诺包销产品，实际上这种承诺完全是个陷阱。你若真把产品送去，厂家是决不会掏钱包买你的产品的，因为厂家的目的只是高价兜售菌种而已。

197. 面对复杂多变的市场，试种新菇种应注意些什么？

推广一种新的食用菌，市场能否接受，经营能否获利，是一个很复杂的问题。在试种一种新菇种时，下述问题应引起足够的注意。

一要注意新菇种的市场前景。消费者在选购菇类产品时，固然有求新的心理，但是并非每一种新推出的食用菌都必然受到消费者欢迎。在日本大名远扬的灰树花，在欧洲备受推崇的牛排菌，在我国虽已栽培多年，但市场仍然有限，就是明显的例证。当然，这里所说的市场包括国内、国际两个方面，灰树花如果日本有进口需求，其栽培规模当然可以发展。

二要注意试种菇种在生产、贮藏、加工中是否有重大缺陷。我国20世纪90年代试种成功的食用菌中,有的菌丝生长过慢,导致制种和栽培管理上的困难,有的子实体过于脆嫩,需即采即食,稍微多存放一两天就会萎蔫变质,所以至今仍难以推而广。

三要注意价格波动。灵芝、竹荪、姬松茸等后开发的食用菌,在试验、示范、推广过程中,都曾出现过剧烈的价格波动。姬松茸在福建的每千克售价,就曾出现高时300元、低时20元的暴跌记录。所以试种、开发一种新菇时,一定要注意供求形势和价格走向,掌握好适宜的生产时机。

四要注意发展规模的调控。与已大规模商业化栽培的大宗菇类相比,新开发菇种的不稳定因素较多,所以要注意发展规模的调控。试种初期规模不要太大,技术不熟练,销路无把握时,不要盲目过度扩大生产规模。

198. 什么是南菇北移? 怎样搞好南菇北移?

长期以来,由于在栽培历史、生产技术、消费水平、外贸渠道等方面占有优势,食用菌主要产区一直集中在我国南方地区,尤其是东南沿海的福建、浙江、江苏、广东等省。20世纪90年代以来,我国以香菇为重点的食用菌栽培区域逐渐北移,北方逐渐成为与南方并驾齐驱的新兴的菇类产地,这就是所谓南菇北移。与南方地区相比,北方地区在气候、资源、劳力成本等方面,具有发展菌类生产的更优越的条件。搞好南菇北移,对于进一步提高我国菇类生产的整体水平,对于有效应对加入WTO后所遇到的许多新情况、新问题,具有重大意义。

要搞好南菇北移,首先要搞好合理布局。目前,西北、华北已有相当规模的生产基地,条件优越的东北地区尚感不足,应予加强。从上市季节看,北方要重点发展夏季香菇,以便实现人无我有,扩大淡季出口。

二要狠抓产品质量。北方地区自然条件优越,但由于存在品种混杂、加工粗糙等问题,部分产品质量不高。今后要选用朵形圆整、菇肉肥厚、盖面色深的香菇菌种,淘汰炭火烘烤等落后干制方式,全面推行机械脱水或排湿低温保鲜等新的加工方法,提高商品档次,增加经济效益。

三要增进南北合作。东南沿海省份具有栽培技术成熟,外贸渠道畅通等优势,南北两地携手合作,联合开发,将更能充分地发挥北菇优势,减少有了产品无市场的后顾之忧。

四要加强科教兴菇。南方福建古田、浙江庆元等著名菇乡的菇业能持续高速发展,与长期不懈地加强科学研究,提高菇民文化技术素养密切相关。南菇北移发展迅速,北方地区原来相对薄弱的科学研究、人才培养、技术培训工作还不能完全适应形势发展的需要,急需采取措施加以改进提高。

五要加强管理。新兴的北方菇业基地,要建立必要的菇业管理机构,从生产规划、资金投放、税收政策、产销协调等方面加强管理。

199. 东方"特种菇"在欧美市场的前景如何?

长期以来,欧洲和北美的食用菌生产和消费,都集中于蘑菇这一品种。在欧洲,普通报刊以至国际会议论文都把蘑菇以外的菇类称为其他菇类,在美国,则把蘑菇以外的菇类称为"特种菇"。20世纪90年代以来,这种生产和消费过于单一的情况逐渐有所改变。

德国是欧洲也是全世界菇类人均消费最高的国家。消费的菇类中,蘑菇占了80%以上,其次是平菇,占10%左右。十多年前才开始进入德国的香菇,目前已占菇类消费量的第三位,每千克售价约 40 马克,为蘑菇的 3 倍左右。随着德国人对香菇认识的逐步加深,香菇已渐由酒楼饭店进入普通家庭。德国出版的一本名叫《香菇 200 种烹调法》的书,印刷精美,图文并茂,从一个小小的侧面说明了德国人对香菇的兴趣。预期在不久的将来,香菇可能超过平菇成为第二大消费菇类。德国本身仅有二十多家家庭式香菇栽培场,产量有限。消费量增大后相当一部分势必要依靠进口。此外,黑木耳在欧洲市场的年销售量达 200 吨左右,是中国特种菇销往欧洲的另一个数量较多的种。

美国食用菌生产多元化的步伐快于欧洲。现在香菇、金针菇、猴头菌和平菇在美国都已有栽培。其中香菇的年产量已达 2 500 吨左右,销售额已逾 2 亿美元。据美国蘑菇研究所的统计,1989 年至 1995 年,美国的香菇及其他特种菇的消费量均增加了 1 倍以上,表明进入 90 年代后,美国的特种菇消费增长势头日趋强劲。

可以预期,随着欧美食用菌消费多元化步伐的加快,以香菇为代表的具有东方特色的特种菇将愈来愈多地进入欧美市场,发展特种菇对外贸易将大有可为。

200. 如何进一步做好做大保鲜香菇出口贸易?

20 世纪 90 年代以来,菇类消费习惯发生了一个引人注目的变化,这就是干制品、罐藏品的消费量下降,热衷于消费鲜菇成了一股世界性的潮流。其中,出口保鲜香菇经济效益好,市场容量大(我国每年对日本出口保鲜香菇在 1 万吨以上,但仅占其全国消费量的 8% 左右),应将其作为菇类出口贸易中的重点之一,抓紧抓好。

要做好做大保鲜香菇出口贸易,首先要精心选料加工,提高产品质量。借助于预冷排湿和低温保藏手段来保藏鲜菇,技术难度较大,工艺要求较高,从原料选择开始至菇品运抵进口国为止,任何一个环节稍有疏忽,即可能导致商品等级下降甚至腐烂变质。因此,经营保鲜菇出口贸易,一定要在加工、贮藏、运输等方面均有精良的设备,并加强每一环节的质量管理。

第二要强化绿色意识,确保卫生质量达标。在今后的菇类国际贸易中,提高卫生质量指标将是一种必然趋势。为应对这种形势,不仅栽培时要严禁使用 DDT 和六六六等禁用杀虫剂,而且要淘汰国外已废止的用多菌灵拌料的做法,在出菇期各种生长调节剂也以尽量不用为好。

第三要搞好夏菇栽培,增加淡季供应。日本等国外市场的鲜菇是很讲究不同季节的均衡供应的。我国夏季保鲜菇加工的原料不足,今后要更有效地利用南菇北移,反季节栽培等措施,主攻夏菇供应这一薄弱环节,促进出口菇的均衡上市。

第四要加强全国保鲜香菇经营的统筹、协调工作。在过去几年的保鲜香菇出口贸易中,国内一些相关单位、地区之间,曾不同程度地出现过竞相压价甚至互相贬损的现象,最终使国家和行业的整体利益蒙受损失。今后,行业协会和政府有关部门应加强统筹、协调工作,使保鲜香菇出口贸易能进入更加健康有序的发展轨道。